Nützlinge
zu Gast im Garten

Inhaltsverzeichnis

Gartenparadiese
für Mensch und Tier

Einführung

Gartenparadiese für Mensch und Tier

Im Garten finden die meisten Menschen Dinge für das persönliche Wohlergehen, sei es der Anbau von Obst, Gemüse, Kräutern und Blumen oder eben die Erholung im selbst gestalteten Stück Natur.

Dieses Stück Natur bringt nicht nur Erträge für die eigene Versorgung, den Duft, die Farbenvielfalt von Blumen und Sträuchern oder das Plätschern der angelegten Wasserstellen für die Entspannung. Nein, Gärten, Parks oder Grünflächen bieten in den oft dicht besiedelten Städten und Dörfern eine Zufluchtsstelle für unterschiedlichste Tierarten und sind somit ein Ersatzlebensraum. Für viele Tierarten ist dieser sehr wertvoll und äußerst wichtig, manchmal stellt er sogar die letzte Rückzugsmöglichkeit für sie dar. Meist nimmt man viele der kleinen und unscheinbaren Tiere im Garten erst wahr, wenn sie in größerer Anzahl auftreten oder die Fraßschäden deutlich sichtbar werden. Allzu schnell erfolgt dann auch die Klassifizierung der Tiere in Nützlinge und Schädlinge. Leider wird in den meisten Fällen sofort zur chemischen Bekämpfung gegriffen, häufig nicht wissend, welche Schäden in der Folge für das biologische Gleichgewicht im Garten auftreten können. Um naturnah zu gärtnern, ist es daher von Vorteil, die unterschiedlichsten Bewohner im Garten zu kennen und durch gestalterische Elemente Einfluss auf die Schönheit und die Artenvielfalt des Gartens nehmen zu können.

Dieses Buch möchte beim Beobachten und Unterstützen der Tiere im Garten behilflich sein. In ausführlichen Artenporträts werden die wichtigsten und häufigsten Gartennützlinge mit vielen Informationen zur Lebensweise, Ernährung und zu ihren ökologischen Ansprüchen vorgestellt. Darüber hinaus bieten zahlreiche praktische Ratschläge und Gestaltungsideen sowie ausführliche Bauanleitungen zu Nisthilfen und Nützlingsquartieren – vom Insektenhotel bis zum Fledermauskasten – Hilfe und Unterstützung wie man möglichst viele dieser kleinen Gartenhelfer aktiv unterstützen und durch ein vielfältiges Nahrungsangebot anlocken kann. So kann jeder Garten im Zusammenspiel von Boden, Pflanzen und tierischen Helfern, dem Einfluss von Sonne, Regen und Wind sowie der Unterstützung durch uns Menschen ein Paradies für Mensch und Tier werden.

Ursprüngliche Lebensräume und natürliches Gleichgewicht

Ein natürliches Gleichgewicht, wie es in den ursprünglichen Lebensräumen bestanden hat, gibt es wohl nur noch in wenigen Regionen der Erde. In diesen Gebieten, in denen der Mensch keinen Einfluss auf den Kreislauf der Natur nimmt oder in starkem Maße genommen hat, unterliegt die Tier- und Pflanzenwelt immer noch dem natürlichen Kreislauf des Wachsens, Fressens und Gefressenwerdens. So herrschten in früheren Zeiten auf unserem Kontinent Wälder, felsige Gebiete, strauchreiche

Ein blühender Bauerngarten kann mit seiner Vielfalt an Stauden ein reichhaltiges Paradies für zahlreiche Insekten sein.

Offenlandschaften und zahlreiche Moore, Feuchtgebiete und Gewässer vor. Diese Lebensräume zeichneten sich überwiegend durch eine große Artenvielfalt und ein gut strukturiertes Umfeld aus. Ein Großteil der Tier- und Pflanzenarten passte sich den Bedingungen über Jahrtausende so an, dass sie nur in diesen Lebensräumen existieren konnten. Andere fanden flexiblere Überlebensstrategien, die ihren Bedürfnissen nach Ausgleich entsprachen. Als Beispiele seien hier die jährlichen Vogelzüge, der Aufstieg der Lachse in ihre Laichgewässer oder Tierwanderungen zu neuen Nahrungsgründen genannt. Diese Lebenszyklen waren ursprünglich vom Menschen meist unberührt.

Der Begriff Biotop

Unter einem Biotop versteht man die Gesamtheit aller in diesem Lebensraum vorkommenden Mikroorganismen, Pflanzen und Tiere sowie ihre Beziehungen untereinander und zu ihrem Lebensraum. Jede Art nutzt eine bestimmte Nische und hat eine eigene Funktion innerhalb des Biotops.

Als der Mensch vor Tausenden von Jahren begann, sich fest anzusiedeln, machte er durch großflächige Rodungen und Trockenlegungen nicht nur das Land urbar. Mit dem Sähen und Pflanzen zur Sicherstellung der eigenen Ernährung, begann er in immer stärkerem Maße in die natürliche Umwelt einzugreifen. Damit einher ging oftmals ein Überangebot an Nahrung für einzelne Tierarten, die sich daher intensiv vermehrten und somit zur Plage bzw. zum Nahrungskonkurrenten für den Menschen wurden. Diese Tiere nannte er fortan Schädlinge. Hinzu kam noch das Umsiedeln von Tieren und Pflanzen in andere, häufig weit entfernte Lebensräume, in denen sich einzelne Arten dann plötzlich explosionsartig ausbreiten konnten. Als Beispiele aus neuerer Zeit seien hier das überall an Wasserläufen wuchernde Indische Springkraut *(Impatiens glandulifera)* oder der ursprünglich zur Bekämpfung von Blattläusen eingeführte Asiatische Marienkäfer *(Harmonia axyridis)* genannt.

Der Garten – ein künstliches Biotop

Als etwa 3000 v. Chr. die ersten Gärten angelegt wurden, begann eine Entwicklung in der Landbewirtschaftung, die den ästhetischen Wünschen und Bedürfnissen der jeweiligen Völker und Königshäuser entsprach. So waren diese Gartenanlagen zuerst streng symmetrisch um einen Teich angeordnet, später begann die Trennung in einen Nutz- und einen Lustgarten. Auch weitläufige Landschaftsgärten – mit Elementen wie Orangenhaine, Alleen, Bachläufe und blühende Strauchgruppen – wurden angelegt. Asiatische Gärten zeichneten sich anfänglich schon durch ihre innere Harmonie aus beschnittenen und natürlich belassenen Pflanzen sowie ihre gestalterischen Elemente aus Holz, Steinen und Skulpturen aus. Europas Gärten beginnend mit dem späten Mittelalter waren private Lustgärten mit Pavillons, Skulpturen, Wasserspielen und

Die rekonstruierten Gartenanlagen von Schloss Villandry westlich von Tours

Bäumen und enthielten gestalterische Elemente der voran erwähnten Gärten. In Orangerien und Gewächshäusern wurden exotische Pflanzen gezogen und durch in Menagerien gehaltene Tiere ergänzt. An Stadträndern bzw. in ländlichen Regionen bildeten dagegen die Bauern- oder Cottage-Gärten die Grundlage für den Anbau von Obst und Gemüse zur eigenen Ernährung. Verschiedene Blumen wurden in diesen Anbau mit einbezogen und dienten häufig auch als natürlicher Pflanzenschutz gegen tierische Schädlinge. In Städten wurden Parks oder Gärten zu Erholungszwecken zur Schau von Blumen, Sträuchern und Bäumen bzw. zur Zucht exotischer Pflanzen angelegt.

Gärten im klassischen Sinn waren abgegrenzte, meist eingezäunte Flächen vor bzw. hinter den Häusern oder am Ortsrand gelegene, nutzbar gemachte Flächen, die landläufig auch als „Grabeland" bezeichnet werden. Aber auch Wochenendgrundstücke, Weinberge, Obstplantagen, Landschaftsgärten, Parks oder andere Pflanzungen, die zur allgemeinen Ortsbegrünung dienen, sind im weitesten Sinn vom Menschen geschaffene Gartenbiotope.

Ein abwechslungsreich gestalteter Bauerngarten am Rande eines Dorfes

Im Laufe der Jahrhunderte änderte sich immer wieder der Anspruch des Menschen an die Gestaltung des Gartens. Der klassische Nutzgarten, egal ob am Haus oder als Schrebergarten, wandelte sich aufgrund des veränderten Lebensniveaus immer mehr zu einem Ziergarten. Merkmale dieses Gartentyps sind Blumen, Rasen sowie unterschiedliche Gehölzarten, meist mit einem hohen Anteil an Koniferen. Häufig ist auch ein Teich in die Gartenlandschaft integriert, um den Erholungswert und die optische Gestaltung zu verbessern. Themengärten wie beispielsweise Rosengärten, Steingärten sowie Gärten mit asiatischen Elementen liegen heutzutage zwar im Trend, haben aber als Lebensraum für die Nützlinge einen geringeren Wert als ein artenreicher, naturnaher Garten. Ideal für Mensch und Tier sind dagegen sogenannte Mischgärten, die unterschiedlichste Elemente – wie Gemüsebeete, Stauden, Heckenbereiche, einen Rasenbereich mit ein paar Obstbäumen, eine Kräuterspirale aus Natursteinen bzw. Hochbeete aus natürlichen Materialien sowie eine Wasserstelle – in sich vereinen.

Der tierfreundliche Garten – gestalterische Freiheit

Um tierische Helfer im Garten anzusiedeln oder zumindest zu einem regelmäßigen Besuch anzuregen, genügen neben einem artenreichen Anbau zumeist einige wenige gestalterische Elemente. Ein gut strukturierter Garten verfügt über verschiedene Beete für den Anbau von Gemüse, Kräutern, verschiedenen Beeren und Blumen. Zusätzlich einige blühende oder beerentragende Sträucher, Obst- oder andere Bäume, Rasen oder besser blühende Wiesenbereiche sowie Wasserelemente. Bei der naturnahen Gestaltung des Gartens sollte man außerdem verschiedene Komponenten miteinander verbinden.

Allen Gärten gemeinsam ist, dass sie die Grundlage für tierisches Leben bilden. Die unterschiedlichsten Tiere – wie diese Haselmaus – haben sich den Gegebenheiten angepasst und kommen in verschieden großer Anzahl vor.

→ *Bereits seit Jahrhunderten bekannt ist, dass die Wege von Blumenrabatten gesäumt sind oder Hecken als Sichtschutz dienen können. In all diese Elemente eines Gartens kann man einige Details für tierische Mitbewohner integrieren, wie beispielsweise Ohrwurmglocken oder Säulen aus Holz, in die unterschiedlich große Löcher gebohrt wurden. So hat man Unterkünfte zur biologischen Schädlingsbekämpfung und für summende Bestäuber gleich an Ort und Stelle platziert. Die Hecken können von uns geschaffene Brutplätze in Form von Plattformen, Nistquirlen oder Nisttaschen beherbergen, um Vögel anzulocken.*

→ *Locker aufgeschichtete Holzstapel bieten Insekten, Spinnen, Kröten und auch vielen Säugetieren Unterschlupf und Nahrungsquelle.*

→ *Eine kleine Trockenmauer mit ausreichend Fugen (auch in Form einer abgestuften Kräuterpyramide) oder lose aufgeschichtete Feldsteine dienen als Sonnenplatz für Eidechsen, Blindschleichen und Insekten. Daneben sind sie Schattenspender oder bieten Unterschlupf falls Gefahr droht.*

→ *Wenn Platz und Gestaltungskonzept es zulassen, kann auch eine kleine „wilde" Ecke mit Nutz- und Wildpflanzen ähnlich dem Steinhaufen als Unterschlupf und Schattenplatz dienen.*

→ *Sollte man nicht auf Koniferen verzichten wollen, so lässt sich unterhalb von ihnen ein wittterungsgeschütztes Rückzugsgebiet für den Igel schaffen. Mit ein paar Steinen und Laub ist schnell ein Unterschlupf gebaut.*

→ *Für die im Boden lebenden Tiere ist es wichtig, dass nicht alle Pflanzenreste oder alles Laub vom Boden entfernt werden. Daher ist es empfehlenswert, nach dem Umgraben im Herbst gezielt etwas Laub an einigen Stellen aufzubringen, sodass nach dem Frost bereits Nahrung für die ersten humusbildenden Nützlinge vorhanden ist.*

→ *Im Komposthaufen leben und überwintern eine Vielzahl von nützlichen Würmern, Larven, Raupen, Käfern und anderen Insekten – aus diesem Grund sind sie auch ein Anziehungspunkt für viele Vögel. Darum sollte man den Kompost nicht bereits im Winter oder Frühjahr umsetzen, sondern erst im Frühsommer. Dadurch haben die zahlreichen Kleintiere genügend Zeit sich im Frühling zu entwickeln*

An heißen Sommertagen nehmen viele Gartenvögel – hier Stare – gern ein erfrischendes Bad.

und werden dabei nicht gestört. Der Kompost sollte grundsätzlich an einem schattigen Ort angelegt sein oder zumindest sorgfältig abgedeckt werden, denn viele der darin lebenden Organismen benötigen ein dunkles und feuchtes Klima. Ein offener Komposthaufen kann beispielsweise durch Hochstaudenblumen oder blühende Sträucher verdeckt und beschattet werden, die ihn so vor der Austrocknung schützen. Andererseits darf der Kompost auch nicht völlig luftdicht abgeschlossen sein, da die zersetzenden Organismen für ihre „Arbeit" auf Sauerstoff angewiesen sind.

→ *Das wichtigste Element für alle Tierarten ist jedoch Wasser. Dies kann beispielsweise durch einen Badeteich oder kleinen naturnah gestalteten Teich angeboten werden, der über einen Zulauf verfügt. Dieser Zulauf sorgt dafür, dass das Wasser immer ausreichend mit Sauerstoff angereichert wird. Die Gestaltung eines solchen Teiches sollte so strukturiert sein, dass sie den Ansprüchen möglichst vieler im Garten lebender Arten entspricht. Teiche dienen solchermaßen sowohl als Lebensraum, Tränke und als Vogelbad. So lockt eine freie Stelle mit feinem Sand, vielleicht in der Verlandungszone des Teiches oder an einer anderen Stelle, Vögel zum Sonnen- und Sandbaden an. Das dient der Gefiederpflege und hilft gegen lästige Parasiten. Reicht der Platz im Garten nicht für die Anlage eines Teiches aus, genügt auch das Aufstellen bodennaher Wasserschalen und Vogeltränken. Bei diesen ist jedoch verstärkt darauf zu achten, sie regelmäßig zu reinigen und mit frischem Wasser zu füllen.*

→ *Bei der Ansiedlung von Nützlingen sollte auch das Umfeld des Gartens mit in die Überlegungen, welche Nist- und Überwinterungshilfen oder Wasserstellen bereitgestellt werden müssen, einbezogen werden. Denn gerade für das Angebot von Nist-, Nahrungs- und Überwinterungshilfen ist das angrenzende Gelände häufig ausschlaggebend. Gibt es zum Beispiel im Außenbereich eines Gartens schon ausreichend Heckenstrukturen, kann man auf diese Elemente im Garten verzichten. Gerade auch bei Gemeinschaftsgärten oder größeren Gartenanlagen ist es von Vorteil, sich gemeinsam zu einigen, in welchem Garten bestimmte Nisthilfen bereitgestellt werden oder wo beispielsweise ein großes Insektenhotel aufgestellt oder ein Stein- bzw. Holzhaufen angelegt werden kann.*

Blüten besuchende Schmetterlinge wie dieser farbenprächtige Distelfalter sind besonders gern gesehene Gäste in unseren Gärten.

Raupen oder Larven?

Larven sind das Jugendstadium der Insekten. Sie ernähren sich zumeist von Pflanzen, Tieren oder Aas. Für einige Larvengruppen gibt es besondere Bezeichnungen, zum Beispiel spricht man bei Schmetterlingen von Raupen, bei Fliegen von Maden, bei einem Teil der Käfer von Engerlingen und bei einigen Schnellkäfern von Drahtwürmern.

Nützlinge und Schädlinge

Die Begriffe „Nützling" und „Schädling" wurden vom Menschen geprägt, um die in seinem Garten vorkommenden Tiere dahingehend zu unterteilen.

Zu den Schädlingen gehören alle Organismen, die im Garten in irgendeiner Weise für uns nachteilige Auswirkungen ausüben. Sei es durch das Fressen von Nutzpflanzen, dem Anstechen von Obst oder die Verbreitung von Krankheiten. Hier sind beispielsweise auch die Wühlmäuse und der Maulwurf zu nennen, die durch ihre Fraßschäden unter- bzw. oberirdisch ganze Beete zerstören können.

Nützlinge dagegen sind diejenigen Arten, die dem Menschen in irgendeiner Art Vorteile bringen. Dabei können sie die Gegenspieler von schädlichen Organismen darstellen, zur Verbesserung des Bodens beitragen oder zum Bestäuben der Pflanzen dienen.

Weder Nützling noch Schädling im Garten

Die Hälfte aller im Garten vorkommenden Arten kann man weder den Nützlingen noch den Schädlingen eindeutig zuordnen. Sie haben in einem artenreichen Garten häufig dennoch eine wichtige Funktion. Zu diesen Arten zählen beispielsweise viele Heuschrecken und Grillen. So wurde die Maulwurfsgrille in der Vergangenheit aufgrund ihrer Grabtätigkeit als Schädling eingestuft. Inzwischen

Ein Insektenhaus bietet Nist- und Rückzugsquartiere für eine Vielzahl von hilfreichen Gartennützlingen.

zählt man sie wegen ihrer Ernährung – überwiegend Insekten und deren Larven – eher nicht mehr in diese Kategorie. Und auch das zu den Langfühlerschrecken gehörende Grüne Heupferd, das eine Körperlänge von über 4 cm erreichen kann, fällt nicht nur durch sein Zirpen und Aussehen auf. Es ernährt sich überwiegend von verschiedenen Insekten und bietet sicher auch eine sättigende Mahlzeit für viele Vögel bei der Jungenaufzucht.

Ebenso sind Schmetterlinge jeglicher Art mehr oder weniger in diese Gruppe einzuordnen, da sie in überschaubarer Zahl relativ wenig Schaden anrichten. Als Blüten besuchender Schmetterling spielen sie eine wichtige Rolle bei der Bestäubung vieler Blütenpflanzen und ihre Raupen dienen vor allem bei der Aufzucht der Jungen als Nahrung für verschiedene Vogelarten.

Nützling oder Parasit – eine Frage der Betrachtung

Parasiten sind Lebewesen, die in irgendeiner Weise von einem Wirt abhängig sind. Sie benötigen diesen für die Fortpflanzung, die Nahrungsaufnahme oder für den Aufenthalt. Dabei werden die Wirte entweder kurzzeitig, periodisch oder permanent geschädigt. Letzteres kann sogar den Tod des Wirtes zur Folge haben. Als bekannte Beispiele können da genannt werden: Die Stechmücke, die den Wirt kurzzeitig zur Nahrungsaufnahme aufsucht, die Weißlinge, die periodisch in Massen auftreten und beispielsweise Kohl oder Bäume schädigen, und die Schlupfwespen, die ihre Eier in Larven anderer Arten ablegen, um so für die Ernährung ihres Nachwuchs zu sorgen.

Bakterien und Pilze zählen ebenfalls in diese Kategorie, obwohl sie nicht auf Wirte angewiesen sind.

Schmetterlinge – wie der wunderschöne Schwalbenschwanz – sind vor allem bei Blütenpflanzen mit tiefen Blütenkelchen für die Bestäubung wichtig.

Sie können aber einen Wirt befallen und beispielsweise durch Fäulnis auch zu dessen Tod führen. Bakterien sind vielfältig im Garten vertreten, wie man sie einstuft, hängt von den Auswirkungen ihres Vorkommens ab. Besiedeln sie Pflanzen, Obst und Gemüse, um diese zu schädigen und Fäulnis zu verursachen, parasitieren sie diese. Andere Formen wie die Knöllchenbakterien, die überwiegend an den Wurzeln von Bohnen, Erbsen oder anderen Leguminosen vorkommen, produzieren für diese Stickstoff, der wiederum zur Bodenverbesserung und zum Pflanzenwachstum beiträgt.

Kleine Humusbildner

Wenn man von Gartennützlingen spricht, darf man nicht die Vielzahl von im Boden lebenden Mikroorganismen (Bakterien, Algen, Pilze, Einzeller) und Kleintieren wie Springschwänze oder Asseln vergessen. Sie ernähren sich überwiegend von abgestorbenem pflanzlichen oder anderem organischen Material und zählen darum zu den wichtigen Humusbildnern. Sie tragen erheblich zur Verbesserung der Bodenqualität bei.

Gartennützlinge

im Porträt

Bienen

Fleißige Sammler und Bestäuber

Große Wollbiene auf Woll-Ziest

Die in Europa und inzwischen auch weltweit vorkommende Westliche Honigbiene *(Apis mellifera)* ist eine von ungefähr acht weiteren Honigbienenarten, die vorwiegend in den asiatischen Ländern beheimatet sind. Die Honigbiene kann nur in Gemeinschaft überleben, denn sie benötigt die Kontakte zu ihren Artgenossen im Bienenvolk. Ein Volk besteht aus 5000 bis 60 000 Tieren und einer einzigen Königin. Sie ist die größte Biene mit einem ausgeprägten Hinterleib und legt als Einzige bis zu 2000 Eier. Ein von der Königin abgesonderter Duftstoff hält die wesentlich kleineren Arbeitsbienen vom Eierlegen ab. Sie widmen sich während ihres Lebens im Bienenstock zeitlich verschiedenen Arbeiten wie Reinigung des Stockes, Wabenbau, Brutpflege, Bewachung des Stockes und Nektarsammeln. Der Nektar wird von den Bienen zu Honig verarbeitet. Die rundlich aussehenden Drohnen (Männchen) haben nur die Aufgabe, die Königin zu begatten, danach sterben sie oder werden aus dem Bienenstock vertrieben.

Wildbienen

Neben den Honigbienen gibt es noch viele Wildbienenarten. Diese kann man aufgrund ihrer Lebensweise als Solitär-, gruppenbildende und schmarotzende Bienen unterteilen. Die Solitärbiene baut ein Nest und legt darin einen Nahrungsvorrat mit Nektar und Pollen an. Sobald sie darin ihr Ei abgelegt hat, verschließt sie die Brutkammer. Die Bienen, die in Gruppen leben, nutzen den gleichen Brutplatz und die Gemeinschaft zum Schutz ihrer Nester. Die sogenannten Kuckucksbienen schieben dagegen ihre Eier den Solitärbienen unter, solange die Brutzellen noch nicht verschlossen sind.

Allen Bienenarten gemeinsam ist ihr Nutzen bei der Bestäubung der Blumen und Baumblüten im Garten. Die Blumenpracht bleibt erhalten und die Bäume können Früchte bilden.

Hummeln fliegen bereits bei niedrigen Temperaturen aus und sind damit wichtig für die Bestäubung von Frühblühern; zudem erreichen sie mit ihrem langen Rüssel auch langröhrige Blüten.

Hummeln

Die Teddybären unter den Bienen

Die Hummeln der Gattung *Bombus* zählen zur Gruppe der Bienen und umfassen etwa 250 Arten, von denen rund 70 Arten in Europa heimisch sind. Hummeln bilden ebenfalls Völker, die aber nur bis zu 700 Tiere groß sind. Sie bauen ihre Nester unterirdisch in verlassenen Mäusenestern, unter Holzhaufen oder in nicht zur Jungenaufzucht genutzten Nistkästen oder in Baumhöhlen. Die Königin zieht in selbst gebauten Wachswaben bis zu acht Arbeiterinnen groß. Diese tragen Nektar und Pollen ins Nest und widmen sich später dem Wabenbau und der Brutpflege. Im Sommer schlüpfen dann Jungköniginnen und Drohnen, die sich außerhalb des Nestes paaren. Die begatteten Jungköniginnen suchen im Herbst Winterquartiere und das „alte" Volk stirbt.

Auch bei den Hummeln gibt es schmarotzende Arten, die ihre Eier in die Nester anderer Völker legen. Damit ihr Nachwuchs ausreichend versorgt wird, fressen sie einen Großteil der im Stock befindlichen Brut.

Hummeln sind auch an kühlen Tagen bis zu 18 Stunden auf Nahrungssuche und befliegen dabei bis zu 1000 Blüten.

Die mit Lehm verputzten Bereiche innerhalb dieses Insektenhotels dienen solitär lebenden Hummeln und Wildbienen als Quartier.

Wespen

Summende Schädlingsvertilger

Deutsche Wespe mit charakteristischer Kopfzeichnung

In Mitteleuropa gibt es elf Arten der Unterfamilie der Echten Wespen, von denen die Deutsche Wespe *(Vespula germanica)* und die Gemeine Wespe *(Vespula vulgaris)* die bekanntesten sind. Zweit typische Merkmale sind die Breite des Hinterteils nach der Einschnürung (Wespentaille) und die schwarz-gelbe Warnfarbe.

Sie bilden Staaten mit bis zu 7000 Tieren. Ihre ballonartigen beigefarbenen Nester bauen sie aus zerkauten Holzfasern, die zumeist an die Decke geheftet werden. Bevorzugte Plätze für den Nestbau sind Baumhöhlen, Dachböden und alte Schuppen. Den Nestbau beginnt die Königin, die anfangs auch die Brut groß zieht, mit bis zu zehn Waben. Das Nest wächst mit der Anzahl der Arbeiterinnen, die den Nestbau, die Brutpflege und die Nahrungssuche übernehmen.

Nahrung der Wespen

Nahrung sind Fliegen, Mücken, Blattläuse und andere Kleininsekten sowie Fruchtstücke und Fruchtsäfte von überreifem Obst. Wenn die Wespen auf unseren Tischen erscheinen, so benötigen sie die süßen Sachen zum eigenen Erhalt und die proteinhaltigen (wie Grillfleisch) für die Aufzucht der Brut.

Hornissen

Gefährlich oder friedliche Brummer?

In Europa kommen zwei Arten von Hornissen vor: *Vespa crabro* im gemäßigten Klimabereich und *Vespa orientalis* im Mittelmeerraum. Sie sind die größten Wespenarten mit bis zu 4 cm Größe. Die Farbe ihres Körpers ist braungelb. Hornissen bilden einen Staat mit 50 bis zu 600 Tieren. Ihre Nester bauen sie normalerweise in hohlen Bäumen. Da dieser Lebensraum selten geworden ist oder von anderen Tierarten genutzt wird, gründen sie ihre Nester inzwischen gern auf Dachböden oder in alten Schuppen.

Ihre Nahrung besteht aus Obst, Nektar und Pflanzensäften. Zur Aufzucht der Nachkommen erbeuten sie Insekten und deren Larven. Darunter befinden sich zahlreiche Wespenarten.

Vermeidung von Stichen

Bienen und Wespen stechen nur, um sich oder ihre Nester zu schützen. Daher immer genügend Abstand zu den Nestern und Bienenstöcken einhalten, Speisen abdecken und Getränke mit Trinkhalm genießen. Entgegen dem bestehenden Vorurteil sind die Stiche aller Arten nicht tödlich. Für Allergiker ist jedoch Vorsicht geboten, weil durch den Stich ein allergischer Schock ausgelöst werden kann.
Sollte sich eines dieser Insekten in die Wohnung oder Laube verirren, stülpt man vorsichtig ein Glas oder Becher darüber und schiebt ein Blatt Papier unter. So gefangen, trägt man das Tier nach draußen und entlässt es in die Freiheit.

Schlupf-, Brack- und Erzwespen

Die guten Feen im Garten

Schlupfwespen-Weibchen, hier Rhyssa persuasoria, verfügen über einen langen Legestachel, mit dem sie ihre Eier in bestimmte Raupen oder Larven ablegen.

Schlupfwespen

Die Schlupfwespen (Familie Ichneumonidae), von denen es weltweit Zehntausende von Arten gibt, bilden in Mitteleuropa die artenreichste Familie der Hautflügler. Jede Schlupfwespenart besitzt einen Legestachel, der so lang wie der Körper der Wespe ist. Mit diesem Stachel bringt das Weibchen ein Ei in ihren Wirt ein. Nach einigen Tagen oder Wochen schlüpft aus der Wirtshülle eine Schlupfwespenlarve. Schlupfwespen parasitieren beispielsweise Raupen und Puppen von Eulenfaltern, Larven von Schwebfliegen, Larven von Blattwespen, Raupen von Nachtfaltern oder von Schwärmern. Das macht sie bei Hobbygärtnern beliebt, weil so die Fraßschäden an Hecken, Pflanzen und Bäumen minimiert werden.

Die meisten der parasitären Schlupfwespen haben sich auf einen bestimmten Wirt spezialisiert. In Europa, Asien und Nordamerika kommt zum Beispiel die Holzwespen-Schlupfwespe *(Rhyssa persuasoria)* vor. Sie ist, wie der Name schon sagt, auf die Larven verschiedener Holzwespen spezialisiert, die Afterraupen genannt werden. Das Weibchen sucht mit seinen sensiblen Sinnesorganen an Füßen und Fühlern die Baumstämme nach den Holzwespenlarven ab. Ist eine solche Stelle gefunden, sticht das Weibchen den Legebohrer ins Holz und legt ein Ei auf der Larve ab. Aus dem Ei der Holzwespen-Schlupfwespe schlüpft die Larve und ernährt sich vom Gewebe der Afterraupe. Die Larve überwintert im Holz und verpuppt sich im Frühjahr, daher gibt es pro Jahr meist nur eine Generation.

Brackwespen

Brackwespen (Familie Braconidae) kommen in ganz Europa und Asien vor. Sie können bis zu 10 mm groß werden und sind meist dunkel gefärbt. Da Brackwespen ihre Eier überwiegend an oder in Schmetterlingsraupen bzw. Käferlarven von Schädlingen ablegen, sind sie im Garten willkommen. Die geschlüpften Larven ernähren sich vom Wirt und töten ihn.

Die bekannteste Art ist die Kohlweißlings-Brackwespe *(Cotesia glomerata)*, die ungefähr 50 Eier in die Wirtsraupe legt. Die dann in der Kohlweißlings-Raupe geschlüpften Larven ernähren sich vom Wirt, bis dieser stirbt. Danach verlassen sie gleichzeitig den Wirtskörper und spinnen sich direkt daneben in gelbe Verpuppungskokons ein. Die Puppen überwintern und im Frühjahr schlüpfen die Brackwespen.

Erzwespen

In Mitteleuropa kommen ungefähr 2000 Arten der unscheinbaren Erzwespen (Überfamilie Chalcidoidea) vor, die zumeist kleiner als 5 mm bleiben. Sie verdanken ihren deutschen Namen der metallisch glänzenden Färbung der meisten Arten. Die Weibchen legen ihre Eier entweder in oder an die Wirte. Die Larven der Erzwespen ernähren sich überwiegend parasitär von Eiern, Larven, Puppen und voll entwickelten Wirten. Andere sind freilebend und versorgen sich mit den Eiern von Napfschildläusen oder erbeuten Larven von Gallwespen. Erzwespen haben sich in der biologischen Bekämpfung von Schildläusen und der Weißen Fliege (Mottenschilläuse) bewährt. Im Garten sind sie im Freiland und im Gewächshaus willkommene Helfer.

Brackwespenkokon auf einer Wiese

Eine metallisch glänzende Erzwespe auf den Blütenblättern eines Buschwindröschens

Schmetterlinge

Farbenfrohe Helfer beim Bestäuben der Blüten

Schwalbenschwanz

Der Schwalbenschwanz *(Papilio machaon)* ist mit seinen bis zu 8 cm Flügelspannweite und seiner Farbgebung einer der schönsten Schmetterlinge Europas. Er kommt auch in Nordafrika und Asien vor. Seine Flügel sind hellgelb mit schwarzer Musterung und nur an den hinteren Flügeln befinden sich blauschwarz gebänderte Flecken, die durch einen orangeroten Fleck am Saum begrenzt werden. Markant und namensgebend sind die Verlängerungen an den Hinterflügeln, die entfernt an einen Schwalbenschwanz erinnern.

Der Schwalbenschwanz ist ein eleganter Flieger. Mit seiner auffälligen Zeichnung ist er wohl unser schönster Falter.

Das Weibchen legt nach der Paarung seine Eier einzeln an den Futterpflanzen ab. Während der einmonatigen Entwicklung ändern die Raupen ihre Farbe von schwarz mit Borsten zu grün mit schwarzen Ringen und rötlichen Punkten. In Mitteleuropa bringen Schwalbenschwänze zwei Generationen hervor: die erste ab Juni und die zweite ab Ende September. Nachdem sich die Raupen verpuppt haben, schlüpfen die fertigen Schmetterlinge etwa drei Wochen später – oder sie überwintern als Puppe und schlüpfen erst im Frühjahr.

Futterpflanzen sind Fenchel, Möhren, Dill, Kümmel, Petersilie und Bibernelle.

Admiral

Der Admiral *(Vanessa atalanta)* hat eine Spannweite von bis zu 6,5 cm und ist einer der bekanntesten Wanderfalter. Er kommt in Nordamerika, Nordafrika, Europa und im westlichen Asien vor und ist bis zu einer Höhe von etwa 2000 m in Wäldern, Gärten, Parks und auf landwirtschaftlich genutzten Flächen heimisch.

Der Admiral kommt als typischer Wanderfalter jedes Jahr aus dem Süden zu uns.

Die Flügel haben eine dunkelbraune Grundfarbe mit roter Binde, die Vorderflügel in der Mitte und die Hinterflügel am äußeren Rand. Alle vier Flügel besitzen eine dünne weiße Linie am äußeren Rand, die an einem blauen Fleck am inneren Saum endet. Die Unterseite ist marmoriert und somit bestens zur Tarnung geeignet. Das Weibchen legt seine Eier einzeln an den Blättern der Großen Brennnessel (auf der beschatteten Seite) ab. Die Raupen sind braunschwarz mit Borsten und beigefarbenen Flecken an den Seiten. Sie verspinnen die Blätter der Brennnesseln zu Tüten, die sie langsam von innen her auffressen. In Mitteleuropa fliegt der Admiral nur in einer Generation, im warmen Süden können sich bis zu vier entwickeln. Der ausgewachsene Admiral ist auf Sommer- oder Schmetterlingsflieder, Efeublüten oder Fallobst mit geplatzter Schale zu beobachten.

Nützlich oder schädlich?

Es ist nicht leicht Schmetterlinge in Schädling oder Nützling einzustufen. Während die Raupen durch ihren Fraß in der Wachstumsphase durchaus Schäden an Pflanzen anrichten können, helfen die ausgewachsenen Schmetterlinge beim Bestäuben der blühenden Pflanzen im Garten. Außerdem sind sie in jedem Wachstumsstadium ein willkommenes Vogelfutter, besonders bei der Aufzucht der Jungen.

Das Tagpfauenauge wird vom Roten Sonnenhut wie magisch angezogen.

Tagpfauenauge

Das Tagpfauenauge *(Aglais io)* ist ein weiterer Vertreter der Edelfalter, kommt in ganz Europa recht häufig vor und ist in beinahe allen Lebensräumen anzutreffen. Kennzeichnend sind die großen augenähnlichen Flecken auf den äußeren Enden aller vier Flügel. Diese Kennzeichen dienen nicht nur zur Abwehr von Fressfeinden, sondern sind auch namensgebend für den Schmetterling. Die Grundfarbe der oberen Flügel ist rotbraun und die Unterflügel sind dunkel bis meist schwarz gefärbt. Mit einer Flügelspannweite von bis zu 6 cm ist er überall sehr leicht zu beobachten und von März bis Oktober auch im Garten anzutreffen.

Bei günstiger Witterung kommen die ersten Tagpfauenaugen bereits Mitte März bis Anfang April aus ihren Winterquartieren. Bevorzugte Rückzugsorte sind Holzstapel, Spalten unter Hausdächern oder Schuppen, aber auch Schmetterlingshäuser werden angenommen.

Die Weibchen legen ihre rund 200 Eier bevorzugt an die Blattunterseiten der Großen Brennnessel und schon nach einer Woche schlüpfen die Raupen. Anfänglich noch in Gespinsten bewegen sich die heranwachsenden schwarzen und borstigen Raupen auf den Pflanzen und fressen an den Blättern. Neben der Brennnessel dienen Brom- und Johannisbeeren sowie wilder Hopfen als Nahrung. Dieser Schmetterling kann jährlich in bis zu drei Generationen auftreten, von denen die erste von Ende Juni, die zweite ab Juli und die letzte ab Mitte August fliegt.

Tagpfauenaugen finden sich in fast jedem Garten ein, um ein Sonnenbad zu nehmen oder aus den verschiedensten Blüten Nektar zu saugen.

Kleiner Fuchs

Der Kleine Fuchs *(Aglais urticae)* ist in beinahe allen Lebensräumen in größerer Zahl anzutreffen und kommt in fast ganz Europa und Asien vor. Die oberen Flügeldecken haben eine dunkelorange bis rostbraune Färbung, die am oberen Rand schwarze, gelbe und weiße Flecken aufweisen. Am äußeren Rand aller vier Flügel sind wellenförmig schwarz-weiße Linien und halbrunde blaue Flecken zu erkennen. Die Flügelspannweite beträgt zwischen 4 und 5 cm. Da der Kleine Fuchs als Schmetterling überwintert, ist er einer der ersten Tagfalter, der bei günstigen Temperaturen im Frühjahr zu sehen ist. Das Weibchen legt bis zu etwa 100 Eier an die Blattunterseiten von Brennnesseln, aus denen nach ungefähr einer Woche die Raupen schlüpfen. Die etwa 3 cm langen Raupen sind schwarz, haben einen zweifachen gelben Streifen an der Seite und leben bzw. fressen gesellig, was sie von der Raupe des Admirals unterscheidet. In wärmeren Regionen entwickeln sich bis zu drei Generationen, ansonsten nur eine. Zum Überwintern zieht sich der Kleine Fuchs in Schuppen, Keller, Mauerspalten, Holzstapel, Heuschober

Hornveilchen und Stiefmütterchen im zeitigen Frühsommer und blühende Stauden bis zum Jahresende sichern die Nahrung für den Kaisermantel.

Blüten locken Schmetterlinge in Ihren Garten. Hier ein Kleiner Fuchs mit wunderschönen Perlenrändern an den Flügeln.

und unter Dächer zurück. Es kann vorkommen, dass an warmen Tagen die Überwinterung unterbrochen wird.

Kaisermantel

Der Kaisermantel *(Argynnis paphia)* erreicht eine Flügelspannweite von bis zu 6,5 cm. Die Flügeloberseiten der Männchen sind leuchtend orange und mit zahlreichen dunkelbraunen, fast schwarzen Flecken besetzt, die Weibchen sind etwas heller gefärbt. Die Vorderflügel sind an den Unterseiten blasser orange gefärbt, die Hinterflügel dagegen graugrün mit einem silbrig grauen Band, weshalb er auch den Namen Silberstrich trägt.

Der Kaisermantel kommt in ganz Europa, Nordafrika, der westlichen Türkei und im gemäßigten Teil Asiens vor. In Mitteleuropa bringt er jährlich nur eine Generation hervor, dazu legen die Weibchen ihre Eier einzeln in Ritzen oder Rindenschuppen von Kiefern oder Fichten ab. Im Spätsommer schlüpfen die dunkelbraunen Raupen, die sich – ohne vorher zu fressen – sofort ein Versteck zum Überwintern am Stamm suchen. Erst ab März des kommenden Jahres beginnen die Raupen, verschiedene Veilchenarten oder Mädesüß als Nahrung aufzunehmen. Die etwa 4 cm langen Raupen haben braunorange Dornen sowie zwei zarte gelbe Rückenlinien und verpuppen sich Mitte Mai bis Juni an den unteren Zweigen. Die fertigen Schmetterlinge schlüpfen nach etwa drei Wochen.

Großes Ochsenauge

Das Große Ochsenauge *(Maniola jurtina)* kommt als häufigste Art der Augenfalter in Gärten vor und erreicht eine Flügelspannweite von fast 5 cm. Die Weibchen sind größer als die Männchen und verfügen auch mit einem dunklen Fleck, der in der Mitte einen weißen Punkt hat, über die deutlicher ausgeprägten Zeichen auf der Oberseite der Vorderflügel. Am äußeren Rand befindet sich ein orangefarbenes Band. Die Männchen sind nur braun und der Fleck wesentlich kleiner. Der Schmetterling kommt in fast ganz Europa, Nordamerika und Kleinasien vor und ist von der Ebene bis zu Höhen von 1600 m anzutreffen.

Das Weibchen legt seine Eier am Boden oder an Grashalmen ab und nach etwa einer Woche schlüpfen die Raupen, die sich von den unterschiedlichsten Süßgräsern ernähren. Sie sind hellgrün und weiß behaart und verfügen über einen dunklen Strich auf dem Rücken. Die überwinternden Raupen sind während der kalten Jahreszeit an frostfreien Tagen aktiv und verpuppen sich erst im nächsten Jahr an einem trockenen Grasstängel. Entsprechend entwickelt sich nur eine Generation von Schmetterlingen, die von Anfang Juni bis Mitte September fliegt.

Großes Ochsenauge (Weibchen). Männliche und weibliche Falter unterscheiden sich in ihrer Färbung.

Goldene Acht

Die Goldene Acht *(Colias hyale)*, auch Gelber Heufalter genannt, ist in fast ganz Europa und östlich bis zum Altaigebirge verbreitet. Der Schmetterling liebt warme, blütenreiche Landschaften wie Mager- und Trockenrasen sowie Streuobstwiesen und kommt in den Bergen bis etwa 1800 m Höhe vor. Die Flügelspannweite beträgt etwa 4 cm und die Färbung der Flügel ist gelb, wobei das Weibchen heller gefärbt ist. Auf den vorderen Flügeln ist oben mittig ein schwarzer Fleck, der auf den hinteren Flügeln orangefarben ist, und außen befindet sich eine dunklere Zeichnung. Namensgebend

Die Goldene Acht, hier ein Weibchen, trägt auf der Unterseite der Hinterflügel einen zweigeteilten Fleck, der einer Acht ähnelt.

Schmetterlinge anlocken

Um das ganze Jahr über Schmetterlinge im Garten beobachten zu können, ist es wichtig, auf chemische Mittel zu verzichten. Eine große Vielfalt von Pflanzen im Garten, wie blühende Sträucher, Bäume, Blumen, Gemüse, aber auch eine Ecke mit Brennnesseln und anderen Wildkräutern, bietet den Schmetterlingen – sowie auch vielen anderen Insekten – ausreichend Abwechslung. Blühende Pflanzen, Stauden und beerentragende Hecken sollten das ganze Jahr über im Garten vorhanden sein. Bitte nicht sämtliches Laub wegharken, ein Stück Wiese ungemäht bis zum Frühjahr stehen lassen und den verschiedenen Wildkräutern genügend Zeit geben, ihre Samen auszubilden. Das alles sind hervorragende Voraussetzungen, um tierische Helfer im Garten anzulocken und zu erhalten.

sind die Flecken an der Unterseite der Hinterflügel, die der Ziffer 8 ähneln.

Die Weibchen legen ihre Eier einzeln auf den Blättern der Futterpflanzen ab. Etwa eine Woche später schlüpfen die Raupen und beginnen die Blätter von oben her zu fressen. Futterpflanzen sind unter anderem Wicken, Klee, Flockenblumen und Oregano. Nach etwa fünf Wochen verpuppen sich die grünen Raupen. Bei zwei Generationen kann man die Schmetterlinge von Mai bis September und bei drei Generationen von Anfang Mai bis Oktober beobachten.

Schwebfliegen

Kleine oder große Täuscher

Schwebfliegen (Familie Syrphidae) gehören zur Unterordnung der Fliegen und haben Körperlängen von bis zu 25 mm. In Mitteleuropa kommen etwa 500 der weltweit 6000 Arten vor. Sie sind geschickte Flieger und in der Lage auf der Stelle zu schweben. Einige der Arten sehen Bienen, Hummeln oder Wespen sehr ähnlich. Durch dieses wehrhafte Aussehen (Mimikry) halten sie Fressfeinde ab, obwohl sie im Grund harmlos sind. Sie ernähren sich von Pollen und Nektar und tragen somit zur Bestäubung der Blüten bei.

Bei vielen Arten legen die Weibchen im Frühjahr bis zu 1000 Eier in der Nähe von Blattlauskolonien ab. Deren Larven ernähren sich dann von Blattläusen, kleinen Raupen, Käferlarven und Spinnmilben. Während ihrer bis zu zweiwöchigen Larvalentwicklung vertilgen sie mehrere Hundert von ihnen.

Um Schwebfliegen in den Garten zu locken, muss im Frühjahr ein ausreichendes Nahrungsangebot an blühenden Kräutern und Blumen vorhanden sein.

Schwebfliegen imitieren häufig die Warntracht von wehrhaften Stechimmen.

Schwebfliegen haben wie alle Zweiflügler nur zwei Flügel und schwirren lautlos von Blüte zu Blüte.

Raupenfliegen

Halten die Raupen vom Kohl ab

In Mitteleuropa kommen etwa 500 Arten der Raupenfliegen (Familie Tachinidae) vor. Sie werden etwa 15 mm groß, sind stark borstig behaart und ähneln den Stubenfliegen. Die Raupenfliegen ernähren sich von Honigtau und Blütennektar. Da die wenigsten Arten über einen langen Saugrüssel verfügen, sind sie überwiegend auf leicht zugänglichen Doldenblüten anzutreffen.

Da die Larven der Raupenfliegen überwiegend Schadinsekten wie Wanzen, Käfer und Raupen von Pflanzenwespen und Schmetterlingen – wie die der Weißlinge oder Eulenfalter – parasitieren, zählen sie zu den wichtigen Gartennützlingen. Die Weibchen legen ihre Eier zumeist in oder neben den Schmetterlingsraupen ab. Die außerhalb abgelegten Eier werden dann entweder mit der Nahrung aufgenommen oder die geschlüpften Larven bohren sich durch die Haut ihres künftigen Wirtes. Im Innern entwickeln und ernähren sich die Larven bis zum Tod der Raupe. Sie verlassen den Kadaver und verpuppen sich im Boden oder neben dem Wirt als sogenannte Tönnchenpuppe. Die Fliegen erscheinen dann im darauffolgenden Frühjahr.

Um die Helfer im Garten zu halten, sollten im Frühjahr reichlich Doldengewächse wie Petersilie, Möhren, Sellerie, Fenchel oder Kerbel vorhanden sein. Im Rand- oder Außenbereich der Gärten können ebenso Bienenfreund (Phacelia), Weißer Senf oder weitere Doldengewächse angesät werden.

Florfliegen

Filigrane Netzflügler mit goldenen Augen

Von den etwa 2000 Arten der Florfliegen (Familie Chrysopidae), die wegen ihrer meist metallisch glänzenden Facettenaugen auch Goldaugen genannt werden, leben etwa 35 Arten in Mitteleuropa. Sie gehören zur Insektenordnung der Netzflügler. Die bekannteste und häufigste heimische Art ist die Gemeine Florfliege *(Chrysoperla carnea)*. Ihr bis zu 1,5 cm langer grüner Körper wird von den durchsichtigen Flügelpaaren deutlich überragt, die mit grünen netzartigen Adern durchzogen sind.

Die Weibchen legen ihre Eier an Pflanzen ab, die mit Blattläusen befallen sind. Dabei werden an der Blattunterseite bis zu 40 Eier auf ungefähr 6 mm langen biegsamen Stielen platziert. Sobald die Larven geschlüpft sind, beginnen sie die Blattläuse mit ihren Saugzangen anzustechen und auszusaugen. Eine Larve vertilgt so während ihres Wachstums bis zu 500 Blattläuse, weshalb sie landläufig auch Blattlauslöwe genannt wird. Nach etwa drei Wochen spinnen sich die Florfliegenlarven zur Verpuppung in Kokons ein und können so die kalte Jahreszeit überstehen. Die Gemeine Florfliege überwintert dagegen ausschließlich als erwachsenes Tier.

Die ausgewachsenen Tiere ernähren sich ebenfalls von verschiedenen pflanzensaugenden Insekten, manche Arten aber auch von Nektar und Pollen. Vor der Überwinterung ändert die Gemeine Florfliege ihre Körperfarbe von grün zu braun. Während der anschließenden Winterruhe, in Ritzen auf Dachböden, Wohnungen, Schup-

pen oder unter der Baumrinde, dürfen keine Störungen erfolgen, da ansonsten viel Energie verbraucht würde. Das hätte zur Folge, dass die Florfliege noch vor dem Frühlingsbeginn stirbt.
Um sie im Garten anzusiedeln, kann ein eigens mit Stroh gefülltes Florfliegenhaus angeboten werden. Oder man sieht in größeren Insektenhotels ein mit Stroh gefülltes Fach für die Florfliege vor.

Die auch als „Blattlauslöwe" bezeichnete Larve der Florfliege zählt zu den wichtigsten Blattlausvertilgern im Garten.

Ein mit Stroh gefüllter Florfliegenkasten dient hier als attraktives Insektenhotel und kann mit einfachsten Mitteln selbst hergestellt werden.

Insektenhotels zum Selberbauen

Um besonders viele der nützlichen Insektengruppen in großer Zahl im Garten anzusiedeln, kann man ganz verschiedenartige Insektenhotels anbieten, die in Form und Größe variieren und den unterschiedlichsten Insektenarten Unterschlupf bieten. Selbstverständlich sollten sie immer auch der Gartengröße entsprechen und nur für solche Insekten konzipiert sein, die auch regional vorkommen und im Garten tatsächlich erwünscht sind. Nicht immer muss es also ein komplettes Insektenhotel sein, sondern manchmal reichen mehrere kleinere Elemente völlig aus.

Der Bau eines Insektenhotels oder verschiedener Einzelelemente erfordert kein allzu großes handwerkliches Geschick, sondern nur etwas Kreativität und Hintergrundwissen. Man nimmt beispielsweise ein paar passend zugesägte Bretter und verbindet diese zu einem Rahmen, den man mit verschiedenen Elementen füllt: z. B. Bündel aus trockenem Schilfrohr, kleine Reisigbündel, mit Bohrlöchern versehene Holzscheiben oder dickere Äste. Aber auch Lochziegel, mit Lehmdeckel versehene Rohre oder kleine mit Stroh gefüllte Blumentöpfe dienen den unterschiedlichsten Insekten als Unterschlupf oder zum Überwintern.

Kleines Insektenhotel

Für ein kleines Insektenhotel genügen bereits wenige kurze Holzbretter, die man zu einem Rahmen verbindet und dann mit verschiedenen Materialien befüllen kann.

Kleines Insektenhotel im Eigenbau

→ *Für dieses kleine Insektenhotel werden beispielsweise vier Bretter mit 20 cm Länge und 10 cm Breite zu einem Rahmen verschraubt und mit einem etwas kürzeren Brett als Steg in der Mitte versehen.*

→ *Als Füllmaterialien dienen hier Ziegelscherben, angebohrte Rundhölzer, Holunderzweige sowie Schilf- bzw. Rohrstücke.*

Klein, aber fein!

Bereits ein zu einem Dreieck verbundener Rahmen aus drei Brettern, auf einem Pfahl angebracht und mit verschiedenen Elementen gefüllt, dient den unterschiedlichsten Insekten als Unterschlupf.

Füllelemente für Insektenhotels

Das Foto bietet eine gute Übersicht über die verschiedenen Füllmaterialien eines vielseitig bestückten Insektenhotels.

Für alle Insekten, die einen sicheren Unterschlupf suchen, sind die oberen Fächer vollständig mit Stroh, Zweigen und Zapfen befüllt und durch ein nicht zu grobmaschiges Drahtgitter gegen das Herausfallen gesichert. Stroh, Heu oder Holzwolle (linkes Fach) dient dabei insbesondere Marienkäfern oder Ohrwürmern als ideales Quartier.

Die mit zahlreichen Bohrlöchern (6 bis maximal 10 mm Durchmesser) versehenen Holzstücke und die auf die richtige Länge zugeschnittenen Schilfrohre im mittleren und unteren Bereich des Insektenhotels dienen als Nistgänge für Wildbienen. Damit die Brutzellen ausreichend wettergeschützt sind, ist die Bauweise des Insektenhotels zu beachten: Eine bereits vorhandene Rückwand bietet ausreichend Schutz vor der Witterung. Bei einem offenen Rahmen sollte Schilfrohr oder Bambus dagegen immer so geschnitten werden, dass die Stücke mit einem Knoten enden – also hinten geschlossen sind.

Unten links ist ein gut geschütztes Überwinterungsquartier für Florfliegen zu sehen. Das Fach wird mit trockenem Schilfgras, Stroh oder Heu dicht gefüllt und mit quer angebrachten lamellenartigen Leisten gesichert.

Im Fach für Schmetterlinge unten rechts mit den senkrechten Schlitzen können die gleichen Materialien wie beim Florfliegendomizil zur Anwendung kommen. Allerdings wird es nur locker mit Stroh, Heu, Holzwolle oder trockenen Blütenständen von großen Gräsern gefüllt. Zusätzliche Holzstücke dienen den Schmetterlingen als Sitzgelegenheit.

Reisig kann sowohl einzeln als auch gebündelt in ein Insektenhotel eingebaut werden und sollte als Füllelement trocken sein. Feldsteine nur locker schichten, damit genügend Hohlräume entstehen.

Als weitere Möglichkeiten für Füllmaterialien können Reisigbündel, Bambusrohr, kleine Feldsteine, Lehmelemente und ähnliches Verwendung finden. Auf den Fotos dieser Seite finden sich hierzu noch Anregungen.

Entgegen anderslautender Aussagen haben sich Zapfen jeglicher Art in Insektenhotels als nicht effizient herausgestellt. Daher sollte man eher Elemente für den Ohrwurm – wie diese mit Stroh gefüllten Tontöpfe – einbauen.

Finden Lochziegel Verwendung, so ist es besser, in die Löcher Schilfrohr einzubringen, weil es für Insekten und ihre Brut günstigere Bedingungen bietet als der nackte Stein.

Ein Insektenturm mit Angeboten für Ohrwürmer, Schmetterlinge und Wildbienen. Im oberen Fach wurde eine Ohrwurmglocke untergebracht, die aber noch mit einem engmaschigen Draht abgesichert werden sollte.

Insektenturm mit verschiedenen Füllelementen

Als etwas größer gestaltetes Insektenhotel bietet sich der auf dieser Doppelseite dargestellte Insektenturm mit Schmetterlings- und Ohrwurm-Elementen an.
Jedes Fach kann abwechslungsreich mit verschiedenartigen Materialien als Unterschlupf für die unterschiedlichsten Insektengruppen befüllt werden: z. B. mit trockenem Schilfrohr oder einem Holzblock mit verschieden großen Bohrlöchern für Wildbienen, einer mit Heu, Holzwolle oder Stroh gefüllten Ohrwurmglocke oder auch ein Fach mit trockenen Blütenständen von großen Gräsern für Florfliegen oder Schmetterlinge, das noch mit einer Abdeckung mit entsprechenden Schlitzen verschlossen werden muss.

Materialliste

Als Baumaterial benötigt man neben dem geeigneten Werkzeug und Schrauben lediglich:

- 1 Rückwand von 67,5 x 15 cm
- 2 Abschlussplatten und 3 Zwischenböden von je 15 x 15 cm
- 2 Seitenwände von 67,5 x 18 cm.

Alle Bretter wurden vorgebohrt, damit das Holz nicht platzt.

Im ersten Arbeitsschritt werden die Böden mit der Rückwand verschraubt.

Im zweiten Arbeitsschritt werden die Seitenwände seitlich angeschraubt.

Die unteren beiden Fächer wurden mit den bereits bekannten Elementen (Holzstücke mit Bohrungen, Schilfrohr, Reisig, Äste) bestückt, die vor allem Wildbienen als Nisthilfe dienen. Darüber eine lockere Lage von Ziegelsteinscherben.

Das Fach darüber wird für Schmetterlinge mit trockenem Schilfgras, Stroh oder Heu locker gefüllt (siehe Hauptbild). Zusätzliche kleine Hölzer dienen ihnen als Sitzgelegenheit. Florfliegen benötigen dagegen – wie hier abgebildet – eine dichtere Füllung.

Das Fach wird mit einer passgenau zugeschnittenen Abdeckung verschlossen, die über ausreichend breite Schlitze verfügt. Verlaufen die Schlitze quer, freuen sich Florfliegen über das Angebot zum Überwintern. Soll das Fach Schmetterlingen als Quartier dienen, so wird eine Abdeckung mit senkrechten Schlitzen angebracht.

Bauanleitungen für große und kleine Insektenhotels kann man auch kostenlos aus dem Internet herunterladen. Neben der Marke Eigenbau lassen sich Bausätze und bereits gefertigte Insektenhotels – wie das hier abgebildete schmucke Nützlingsquartier, dass rechts unten über ein großes Fach für Schmetterlinge verfügt – ebenso überall käuflich erwerben. Egal, für welche Variante man sich entscheidet, es ist ein hilfreicher Beitrag für einen artenreichen Garten und zur biologischen Schädlingsbekämpfung.

Nisthilfen und Nützlingsquartiere für Insekten und andere Kleintiere sind nur dann wirklich erfolgreich, wenn sie in Kombination mit einem blüten- und artenreichen Anbau und Wechsel von Sträuchern, Bäumen, Grasflächen und Wasserstellen angeboten werden. Dann wird ein Garten mit vielen nützlichen Helfern ermöglicht.

Verfügt man nur über einen kleinen Garten oder möchte kein komplettes Insektenhotel bauen, so genügt es häufig bereits, kleinere Einzelelemente an geeigneten Plätzen aufzustellen, aufzuhängen oder anderweitig anzubringen.

Ein abwechslungsreich gestalteter Garten stellt ein Paradies für viele Insekten und andere Kleintiere dar.

Tipps zu weiteren Nützlingsquartieren

→ *Sollen Gartenschmetterlinge durch eine eigene Behausung unterstützt werden, muss die abgedeckte Vorderseite mit länglichen senkrechten Schlitzen versehen sein, damit sie unbeschadet in das Haus gelangen und überwintern können. Wichtig ist, dass die Kästen möglichst auch in der Nähe von Wirts- bzw. Futterpflanzen aufgehängt werden. So können die Schmetterlinge im Frühjahr ihre Eier an ihnen ablegen und die Raupen finden ausreichend Nahrung, sobald sie geschlüpft sind.*

→ *Für Wildbienen und Hummeln kann man größere Bündel aus Schilfrohr als Nisthilfe zusammenbinden und an trockenen Stellen aufhängen oder in Rohre füllen und am Zaun befestigen. Ebenso können einzelne dicke Baumscheiben oder Holzstücke, in die zuvor zahlreiche Löcher von 6 mm bis maximal 10 mm Durchmesser gebohrt wurden, an windgeschützten Stellen im Garten aufgehängt bzw. aufgestellt werden. Zusätzlich lassen sich Lochziegel oder mit Lehm gefüllte Hohlblocksteine in einer Trockensteinmauer einbringen oder man schafft durch kleinere Steine Hohlräume, sodass Hummeln geeignete Brutnischen finden können.*

→ *Um Marienkäfern ausreichende Unterschlupfmöglichkeiten zu bieten, können dicke, etwa 40 bis 50 cm lange Äste an geschützten Stellen aufgehängt werden, die man zuvor mit langen tiefen Einkerbungen versieht.*

Laufkäfer

Schnelle Jäger auf langen Beinen

In Mitteleuropa kommen etwa 800 Arten von Laufkäfern (Familie Carabidae) vor. Viele der Arten sind flugunfähig und daher meist ortsgebunden. Sie haben einen schlanken Körper und kräftig ausgebildete lange Beine. Auch die Larven besitzen Beine und sind daher sehr beweglich. Laufkäfer sind überwiegend feuchtigkeitsliebend und nachtaktiv. Stört man sie während der Gartenarbeit in ihren Verstecken, suchen sie schnell einen neuen Unterschlupf.

Die meisten Laufkäfer leben räuberisch, daher besteht ihre Nahrung aus Insekten, Larven, Raupen, kleineren Regenwürmern sowie Schnecken und deren Eier. Ihre Beute wird mit den kräftig ausgeprägten Mundwerkzeugen, den Mandibeln, gepackt und zumeist mit Verdauungssaft bespritzt, was die Nahrungsaufnahme erleichtert.

Der Goldlaufkäfer (Carabus auratus) ist der wohl hübscheste Helfer unter den Laufkäfern und gehört zu den wenigen tagaktiven Arten. Er wird bis zu 3 cm lang und hat einen grün metallisch schimmernden Körper.

Die bunte Käfervielfalt

Die Käfer (Ordnung Coleoptera) sind die artenreichste, vielgestaltigste und größte Gruppe unter den Insekten. Von den weltweit über 350 000 beschriebenen Arten kommen in Mitteleuropa etwa 8000 Arten vor. Die große Anzahl und Vielfalt ist auf ihre Anpassungsfähigkeit an die verschiedensten Lebensräume und die damit verbundenen Lebensbedingungen zurückzuführen. Unter den Käfern findet man Zwerge mit einer Größe von kaum 0,5 mm und Riesen, die bis zu 20 cm groß werden können. Alle Käfer haben farbige, verhärtete Deckflügel, die über dem zweiten häutigen Flügelpaar getragen werden. Ein weiteres Kennzeichen ist der breite Halsschild. Die Entwicklung verläuft vollständig: Aus dem Ei schlüpft eine Larve, die während der Fressphase ihr Gewicht vervielfacht und sich dann verpuppt. Aus der Puppe schlüpft nach Abschluss der Ruhephase der fertige Käfer.

Der komplett schwarze und auf den Flügeldecken gerunzelte Lederlaufkäfer (Carabus coriaceus) wird bis zu 4 cm lang, lebt etwa zwei bis drei Jahre und ist häufig im Garten anzutreffen. Seine bevorzugte Nahrung sind Schnecken.

Der Große Puppenräuber (Calosoma sycophanta) wird bis zu 2,8 cm lang, hat einen breiteren Körperbau und goldgrüne Deckflügel. Er jagt auch auf Sträuchern und Bäumen und vertilgt bis zu 400 Raupen im Jahr.

Kurzflügler

Kleine Räuber mit gestutzten Flügeldecken

Unsere größte heimische Art ist der Schwarze Moderkäfer (Ocypus olens). Er kann über 3 cm lang werden, sein Körper ist mattschwarz gefärbt und behaart.

Der Kaiserliche Kurzflügler (Staphylinus caesareus) wird etwa 2 cm groß und verfügt über eine auffallende Färbung. Sein Körper ist schwarz mit gelblichen Flecken am Rand des Hinterleibs. Die Flügeldecken, die Fühler und die Beine sind rötlich gefärbt.

Die Kurzflügler (Familie Staphylinidae) sind mit rund 2000 Arten die in Mitteleuropa artenreichste Käferfamilie. Trotz der stark verkürzten Deckflügel sind die gefalteten häutigen Flügel ausreichend geschützt. Kurzflügler verfügen entsprechend über eine hohe Beweglichkeit und die meisten Arten sind ausgesprochen gute Flieger. Im Allgemeinen handelt es sich eher um kleinere Käfer, einige Arten werden aber auch mehrere Zentimeter groß, und sie sind zumeist braun, schwarz oder schwarzrot gefärbt. Manchmal sind einzelne Körperpartien behaart. Bei drohender Gefahr spreizt der Kurzflügler seine Kieferzangen und streckt den mit Wehrdrüsen ausgestatteten Hinterleib nach vorn, um den Feind einzuschüchtern.

Unsere heimischen Arten sind für gewöhnlich mit ausgeprägten Mundwerkzeugen ausgestattet und ernähren sich räuberisch. Das Beutespektrum ist sehr vielfältig und umfasst Fliegen, Raupen, Maden, Milben, Schildläuse, kleine Regenwürmer sowie Schnecken. Aber auch Tierkadaver werden von ihnen nicht verschmäht.

Weichkäfer

Die bunten Liebhaber der Blüten

Die Bezeichnung Weichkäfer (Familie Cantharidae) wurde gewählt, weil die Flügeldecken und der Körper nicht so hart verfestigt sind wie bei den anderen Käfern. Sie haben eine längliche Körperform und sind meist bunt gefärbt. Im Volksmund nennt man sie, in Anlehnung an farbenprächtige Uniformen, auch Soldatenkäfer. Ausgewachsene Weichkäfer findet man an Blüten und Büschen, wo sie sich zumeist von anderen Insekten wie Blattläusen, Milben und Schmetterlingsraupen ernähren.

Die Larven der Weichkäfer sind meist schwarz, behaart und leben am Boden. Ihre Nahrung besteht überwiegend aus Schnecken, Eiern, Larven und kleinen Insekten. Sie überwintern unter Steinen, Holz oder im Laub und bleiben auch bei kühleren Temperaturen aktiv. Im Winter sind einige bei Sonnenstrahlen auf dem Schnee zu sehen, darum nennt man sie auch „Schneewürmer".

Weichkäfer lieben Doldenblüten. Daher sollte man mit Blumen-Saatmischungen über das Gartenjahr verteilt ausreichend Blüten anbieten. Eine blühende Bauernhecke an einem sonnigen Standort wird gerne als Rückzugsort angenommen.

Die bekannteste Art ist der Rotgelbe Weichkäfer (Rhagonycha fulva). Er wird bis zu 1 cm lang, sein Körper ist rötlich gefärbt und seine Flügeldecken sind hellbraun mit schwarzer Spitze.

Der Asiatische Marienkäfer (*Harmonia axyridis*), auch als Harlekin-Marienkäfer bezeichnet, hat sich seit 2002 explosionsartig in Europa ausgebreitet und droht vielerorts die einheimischen Arten zu verdrängen.

Marienkäfer

Kleine gepunktete Glücksbringer

Weltweit kommen über 6000 Marienkäferarten (Familie Coccinellidae) vor. Davon sind etwa 250 Arten in Europa heimisch, von denen der Siebenpunkt-Marienkäfer *(Coccinella septempunctata)* sicherlich der bekannteste ist. Er wird als Glücksbringer angesehen, weil in vielen Kulturen die 7 als Glückszahl gilt. Sein Körper hat die Form einer Halbkugel und er wird bis zu 8 mm lang. Die Deckflügel sind rot gefärbt und mit sieben unterschiedlich geformten Punkten bedeckt.

Die Weibchen legen mehrere Hundert gelbliche Eier, aus denen nach einer Woche bunt gefleckte, gut bewegliche Larven schlüpfen. Bis zu ihrer Verpuppung in etwa sechs Wochen durchleben sie vier Entwicklungsstadien und ernähren sich von Blattläusen oder Spinnmilben. Aus den kopfunter an Blättern hängenden Puppen schlüpfen dann nach zwei Wochen die jungen Marienkäfer. Die typische Zeichnung entsteht erst einige Stunden nach dem Schlüpfen. Bis zu zwei Generationen Marienkäfer kann es pro Jahr geben. Erwachsene Käfer fressen ebenfalls Blatt- und Schildläuse oder deren Larven. Außerdem zählen auch Spinnmilben, Wanzen, Larven von Käfern und Blattwespen, Schmetterlingsraupen oder Pollen und Nektar zum Nahrungsspektrum.

Marienkäfer überwintern meist gemeinsam in Gruppen am Boden unter Steinen, Rinde und Laub sowie in Moos oder Gras. Manchmal auch in tieferen Ritzen von Fenstern oder Türen.

Farben und Punkte

Marienkäfer gibt es in verschiedenen Farben. In Mitteleuropa kommen Exemplare mit roten, gelben, schwarzen und braunen Flügeldecken sowie unterschiedlichen Punktvarianten vor. Die Punkte sind symmetrisch angeordnet und können in ihrer Anzahl zwischen 2 und 24 variieren. Dabei kann es vorkommen, dass manche Käfer keine Punkte besitzen oder die Punkte miteinander verschmelzen. Fälschlicherweise wird oft behauptet, dass sie das Alter der Käfer anzeigen. Die Zahl der Punkte ist jedoch charakteristisch für jede Art und ändert sich im Laufe des Lebens nicht.

Bereits als Larve vertilgt ein Marienkäfer mehrere Hundert Blattläuse oder Spinnmilben.

Raubwanzen

Rascher Tod für Pflanzensauger

Raubwanzen sind wichtige Nützlinge im Garten. Die wärmeliebende Rote Mordwanze (Rhynocoris iracundus) ist auffällig schwarz-rot gezeichnet.

Die Raubwanzen (Reduviidae) sind eine Familie der Wanzen, die weltweit mit etwa 7000 Arten vertreten ist. In Mitteleuropa kommen nur etwa 20 wärmeliebende Arten vor. Sie variieren in Körperbau und Größe und sind den Gegebenheiten gut angepasst. Meist besitzen sie zwei flach auf dem Rücken getragene Flügelpaare. Das vordere Flügelpaar ist verdickt, farbig und im hinteren Teil wie das zweite Paar häutig. Der frei bewegliche Kopf ist meist länglich und mit abgewinkelten Fühlern und einem Stechrüssel ausgestattet.

Raubwanzen sind aktive Jäger und verfügen daher zumeist über längere Beine. Entweder laufen sie suchend umher oder sie lauern ihrer Beute auf Blüten auf. Die ausgewachsenen Wanzen und ihre Larven ernähren sich von Schmetterlingsraupen, Spinnmilben, Blattläusen, Blattwespenlarven und anderen Pflanzensaugern sowie deren Eiern. Mit dem kräftigen Stechrüssel wird der Beute beim Einstich der Speichel injiziert, der sie entweder dauerhaft lähmt oder tötet.

Ohrwürmer

Kleine harmlose Allesfresser

Weibchen mit den charakteristischen Hinterleibsanhängen

Die Populärbezeichnung der Ohrwürmer (Ordnung Dermaptera) ist eigentlich sehr irreführend. Sie sind weder Würmer, noch kriechen sie anderen Lebewesen in die Ohren. Das sind Geschichten, die ihnen bis heute angedichtet wurden. Die am Körperende befindlichen Zangen benötigen die Tiere nur zur Begattung, Verteidigung, zum Ergreifen der Beute oder um ihre Flügel zu entfalten, die unter den kurzen Deckflügeln verborgen sind.

Ohrwürmer sind scheu, nachtaktiv und lieben eine feuchte Umgebung, daher verkriechen sie sich tagsüber unter Steinen, Rinde, Ritzen im Mauerwerk oder in Holzstapeln. Ihre Nahrung ist vielfältig und besteht aus pflanzlichen und tierischen Komponenten: Blüten- sowie Staubblätter, Keimlinge, Grünalgen von Bäumen, aber auch Blatt- und Schildläuse, Raupen, Insektenlarven, Spinnen und Milben. Wird die Nahrung knapp, dann nehmen sie auch abgestorbene Pflanzenteile oder tote tierische Bestandteile zu sich.

Gemeiner Ohrwurm

In Mitteleuropa ist der Gemeine Ohrwurm *(Forficula auricularia)* am häufigsten. Er hat eine Körperlänge von 1–1,5 cm, wobei die Weibchen deutlich kleiner als die Männchen sind. Die Hinterleibsanhänge sind geschlechtsspezifisch unterschiedlich ausgeprägt: Beim Männchen sind sie deutlich größer und zu Zangen entwickelt. Nach der Paarung legt das Weibchen etwa 60 bis zu 1,5 cm große Eier in unterirdischen Hohlräumen ab. Die Weibchen betreiben eine intensive Brutpflege und beugen somit Krankheiten und Pilzbefall bei der Brut vor.

Quartiere für den Ohrwurm zum Selbermachen

Um dem Ohrwurm tagsüber ausreichend Rückzugsbereiche zu schaffen, kann man ganz einfach flache Steine locker übereinanderlegen oder einen lockeren Holzstapel aufschichten.

Ein Steinhaufen oder eine Trockenmauer im Garten bieten den Ohrwürmern Schutz vor Fressfeinden und ausreichend Rückzugsmöglichkeiten.

Ohrwurmglocke

Es können auch sogenannte Ohrwurmglocken an verschiedenen Standorten aufgestellt oder aufgehängt werden. Tontöpfe sind am besten für eine Ohrwurmglocke geeignet. Ihr hohes Eigengewicht hält sie stabil am Ast oder auf kleinen Pfählen.

Umgedrehte und mit Stroh gefüllte Tontöpfe sind ideal als Quartier für Ohrwürmer geeignet.

Neben einem Tontopf und Füllmaterial sollte man Befestigungsdraht zur Hand haben, der mit einem Holzstab im Loch des Tontopfs fixiert wird.

Als Füllmaterial eignen sich gleichermaßen Stroh, Heu oder Holzwolle.

Das Füllmaterial kann mit einem Netz, kreuzweise verspannten Fäden oder quergelegten Holzstäben gegen das Herausfallen gesichert werden.

Die fertige Ohrwurmglocke – integriert in das Gemüsebeet – im Einsatz.

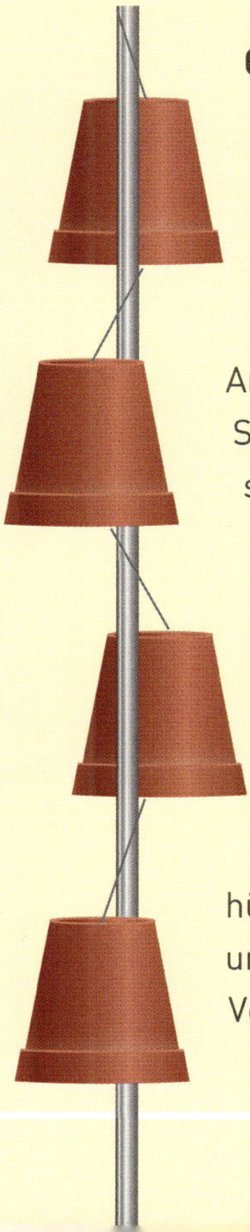

Ohrwurmturm

Eine weitere Möglichkeit für einen Ruheplatz ist ein Ohrwurmturm. Dazu befestigt man mit Draht mehrere Blumentöpfe an einem stabilen Pflanzstab aus Metall. Anschließend befüllt man diese mit Stroh, Heu oder Holzwolle und sichert die Öffnung mit gekreuzten Stäben oder feinmaschigem Draht gegen das Herausfallen. Die Löcher können mit Lehm verschlossen werden, damit innen alles trocken bleibt. Der Turm kann mit einer kreativen farblichen Gestaltung zusätzlich ein hübscher Blickfang im Garten sein und gleichzeitig als Ansitzwarte für Vögel dienen.

Libellen

Elegante Insektenjäger am Gartenteich

Libellen am Gartenteich

Um Libellen im Garten beobachten zu können und vor allem dauerhaft im Garten anzusiedeln, ist ein fischfreier und pflanzenreicher Teich von Vorteil. Die Bepflanzung sollte variabel gestaltet sein und auch einige Wasserlilien oder andere höhere Pflanzen als Ansitzwarte enthalten.

Vierfleck

Der Vierfleck *(Libellula quadrimaculata)* ist eine der häufigsten Arten innerhalb der Großlibellen. Die Vertreter dieser Unterordnung sind meist größer und kräftiger gebaut und verfügen über deutlich größere Facettenaugen als die Kleinlibellen. Das Verbreitungsgebiet des Vierflecks erstreckt sich von den gemäßigten Breiten bis in den Polarkreis. Man erkennt ihn sicher an seinen vier Flecken auf den Flügeln, die ihm auch seinen Namen gegeben haben. Er ist beigebraun mit einem dunkelbraunen Körperende, besitzt eine Körperlänge von 35–50 mm und eine Flügelspannweite von 65–85 mm. Weibchen und Männchen sind fast identisch und daher schwer zu unterscheiden. Zugleich ist der Vierfleck eine der am häufigsten fotografierten Libellenarten: Zum einen natürlich wegen seines wunderschönen Aussehens, vor allem aber wegen seiner Zutraulichkeit, denn er hat nur eine sehr geringe Fluchtdistanz.

Er kann zwischen Mai und September an pflanzenreichen Teichen, Tümpeln, langsam fließenden Gräben und Gartenteichen beobachtet werden. Wie alle Arten der Familie der Segellibellen sucht sich auch der Vierfleck eine Ansitzwarte, von der er Mücken, Fliegen und andere geflügelte Insekten erspähen und anschließend im Flug erbeuten kann. Darüber hinaus wird auch das Revier gegen andere Großlibellen wie Plattbauch und Keiljungfern verteidigt.

Azurjungfern

Die Azurjungfern der Gattung *Coenagrion* zählen innerhalb der Kleinlibellen zur Familie der Schlanklibellen. Die häufigste in Mitteleuropa vorkommende Art ist die Hufeisen-Azurjungfer *(Coen-*

agrion puella). Die Färbung der Männchen variiert von einem intensiven bis mittleren Blau und bei den Weibchen von blassem Blau bis zu einem grünlichen Beige. Betrachtet man das Männchen von oben, so erkennt man hinter dem Kopf eine hufeisenähnliche Zeichnung, die namensgebend war.

Die Hufeisen-Azurjungfer bevorzugt kleine stehende Gewässer. Zur Paarung bildet ein Pärchen ein sogenanntes Paarungsrad, dabei erfolgen die Befruchtung und anschließend die Eiablage an den dafür aufgesuchten Wasserpflanzen. Nach etwa fünf Wochen schlüpfen die als Nymphen bezeichneten Larven. Die Entwicklungszeit der Larve beträgt etwa ein Jahr, wobei die fertigen Libellen nach der Überwinterung zwischen Juni und August schlüpfen. Als Ernährung dienen ihr Fliegen, Mücken und andere Kleininsekten, die sie im Flug von ihrer Ansitzwarte aus erbeutet.

Der Vierfleck steht in Nahrungs- und Revierkonkurrenz zu anderen Großlibellen wie beispielsweise das im Bild abgebildete Plattbauch-Weibchen.

Paarungsrad der Hufeisen-Azurjungfer

Spinnen

Vielseitige Insektenjäger mit acht Beinen

Radnetzspinnen

Die Familie der Radnetzspinnen umfasst mit den Kreuzspinnen und der farbenprächtigen Wespenspinne sicherlich die bekanntesten Vertreter der heimischen Spinnen in unseren Gärten.

Die Gartenkreuzspinne *(Araneus diadematus)* erhielt ihren Namen wegen der kreuzähnlichen Zeichnung auf ihrem bräunlichen Hinterleib. Ihre Körperlänge kann fast 2 cm erreichen, wobei die Männchen deutlich kleiner bleiben.

Kreuzspinnen produzieren Fäden von ganz unterschiedlicher Struktur: festere Fäden zum Befestigen des Netzes, feinere klebrige Fäden zum Fangen der Beute sowie ganz feine Fäden zur Herstellung ihrer Kokons für die Eier. Die Fangnetze der Weibchen können bei etwa 40 Speichenfäden einen Durchmesser von bis zu 50 cm haben. Die Fäden zwischen den Speichen sind klebrig, sodass die Beutetiere nicht mehr entkommen können.

Wespenspinne *(Argiope bruennichi)*

Die Spinnen warten meist in der Mitte des Netzes oder am Ende von Signalfäden in einem Versteck auf Beute. Hat sich ein Beutetier im Netz verfangen, wird es je nach Größe sofort gelähmt oder eingesponnen. Erst wenn sie vollkommen wehrlos sind, werden auch die eingesponnenen größeren Tiere gelähmt. Die Gartenkreuzspinne betreibt eine intensive Netzpflege und säubert das Netz von Beuteresten. Bisweilen frisst sie es auch auf, um es anschließend neu zu spinnen.

Für die Paarung spinnen die Männchen im August einen sogenannten Werbungsfaden an das Netz eines Weibchens. Sie zupfen daran und das paarungswillige Weibchen begibt sich zum Männchen. Die mehrmalige Paarung dauert jeweils nur wenige Sekunden und endet häufig mit dem Tod des Männchens. Im Herbst legt das Weibchen dann die Eier in gelblichen Kokons ab.

Da Spinnen wechselwarme Tiere sind, benötigen sie zum Überwintern reichlich Pflanzenreste, Bodenspalten oder Altholz als Schutz.

Trichterspinnen

Trichterspinnen verdanken ihren Namen der charakteristischen

Form ihrer Netze. Als Vertreterin dieser Familie sei die Labyrinthspinne *(Agelena labyrinthica)* genannt. Sie erreicht eine Körperlänge von bis zu 1,4 cm, wobei die Männchen auch wieder etwas kleiner sind. Der Körper ist vorn gelblich braun mit dunkelbraunen Streifen, der Hinterleib graubraun und trägt meist eine an Fischgräten erinnernde Zeichnung.

Die Wohnhöhle der Labyrinthspinne verengt sich trichterförmig zur Mitte und besitzt meist noch einen zweiten Ausgang. Über dieser Höhle, die sich meist in Bodennähe befindet, ist ein weites Netz mit sogenannten Stolperfäden gespannt. Gerät ein Beutetier in diese Fäden, kommt die Spinne aus ihrer Höhle, um es zu betäuben oder zu töten. Langsamere Insekten kann sie auch jagend erbeuten.

Zur Paarungszeit Mitte Juli beklopft das Männchen die Höhle des Weibchens, ist sie paarungswillig verharrt sie in ihrer Röhre. Ab Mitte August werden bis zu 130 Eier in einem vorgefertigten weißen Kokon abgelegt, der meist gut getarnt am Rand des Netzes befestigt ist. Die Jungspinnen schlüpfen noch im selben Jahr und überwintern im Nest.

Eine Labyrinthspinne wacht aufmerksam an ihrem Trichternetz.

Echte Webspinnen

Allein in Mitteleuropa sind weit über 1000 Arten dieser wichtigsten Unterordnung der Spinnentiere vertreten, die sich ausschließlich von Insekten ernähren. Einige Webspinnen werden mehrere Jahre alt. Am Kopf befinden sich bis zu acht Punktaugen und am Ende der Kieferfühler sitzen die Giftdrüsen. Beim Biss der Beute wird Gift injiziert, das diese lähmt oder tötet. Spinnen verzehren ihre Beute, indem Verdauungssaft in den Körper gespritzt wird. Anschließend wird der verdaute Körperinhalt ausgesaugt.
Der Spinnenkörper ist durch eine Taille deutlich in einen Vorder- und Hinterleib geteilt. Am Ende des Hinterleibs sitzen bis zu drei Spinnwarzen zur Produktion der Spinnfäden. Obwohl alle Webspinnen in der Lage sind, Spinnfäden zu produzieren, bauen nicht alle die bekannten Netzfallen. Ob sich Beute in den Netzen verfangen hat, spüren die Spinnen durch sensible Tasthaare an den Beinen. Mit deren Hilfe nehmen sie selbst feinste Schwingungen wahr. Jagd- und Raubspinnen erlegen ihre Beute dagegen gezielt durch direkte Jagd.
Als Nahrung dienen Mücken, Fliegen, kleinere Heuschrecken, Blattläuse, Milben und andere pflanzensaugende Insekten. Selbst vor wehrhaften Beutetieren wie Wespen schrecken sie nicht zurück.

Baldachinspinnen

Die Familie der Baldachinspinnen, die auch Deckennetz- oder Zwergspinnen genannt werden, kommt allein in Mitteleuropa mit etwa 500 Arten vor. Ihre fast dreidimensionalen räumlichen Netze weisen eine Form auf, die an Gewölbedecken erinnern. Besonders für uns auffällig werden sie im Spätsommer und Herbst, wenn sie sich mithilfe von Flugfäden massenhaft vom Wind verbreiten lassen („Altweibersommer“).
Baldachinspinnen werden nur wenige Millimeter groß, wobei Männchen und Weibchen etwa die gleiche Größe erreichen. An der Un-

Baldachinnetze im Morgentau

terseite der Netze hängend lauern sie mit dem Bauch nach oben ihrer Beute auf. Da ihre Unterseite meist braun oder schwarz gefärbt und die Oberseite meist heller ausgeprägt ist, sind sie so hervorragend getarnt und kaum wahrzunehmen. Berührt ein Beutetier das Netz, versetzt es die Spinne in Schwingungen. Die herunterfallenden Tiere werden durch die Netzschichten ergriffen, mit Leimfäden gefesselt und verzehrt.

Die Paarung im September findet im Netz der Weibchen oder in dessen Nähe statt. Auch dabei hängen beide mit dem Bauch nach oben. Entgegen dem sonstigen Verhalten bei vielen anderen Spinnen wird das Männchen nach der Fortpflanzung nicht gefressen, sondern lebt nach der Paarung mit dem Weibchen sogar noch eine Weile am Rand des Netzes.

Krabbenspinnen

Krabbenspinnen verdanken ihren Namen ihrer gedrungenen Körperform und den beiden kräftig ausgebildeten Vorderbeinpaaren. Ähnlich wie bei einer Krabbe können die Mitglieder dieser artenreichen Familie auch seitwärts laufen. Sie werden bis zu 1 cm groß und können in der Körperform sowie Farbe sehr unterschiedlich sein. Da sie keine Netze bauen, sitzen sie auf Blüten und Blättern und lauern dort Fluginsekten auf. Die Weibchen der Veränderlichen Krabbenspinne *(Misumena vatia)* besitzen die besondere Fähigkeit, ihre Farbe an die jeweiligen Blütenfarben anzupassen. Die Körperfärbung kann von Weiß, Gelb bis hin zu Grün wechseln und sie suchen sich die passenden Blüten dazu aus. Durch diese Tarnung haben Beutetiere kaum eine Chance zu entkommen. Ihre Opfer sind blütenbesuchende Insekten wie Bienen, Wespen und sogar Hornissen und große Falter, die mit den kräftigen Vorderbeinen gepackt und mit dem Gift aus den Kieferklauen betäubt werden. Den Stacheln der wehrhaften Beutetiere weicht sie aus, indem sie ihnen in den Nacken beißt. Die Jungen wachsen aus Eiern in einem kleinen Kokon heran und schlüpfen im Hochsommer. Sie überwintern in verborgenen Bodenritzen.

Ein gelb gefärbtes Weibchen der Veränderlichen Krabbenspinne auf der Lauer

Gut getarnt sitzt dieses weiß gefärbte Weibchen der Veränderlichen Krabbenspinne auf den Blütenblättern.

Zebraspringspinne mit Beute

Springspinnen

Die Springspinnen bilden die artenreichste Familie innerhalb der Webspinnen und verdanken ihren Namen ihrem charakteristischen Jagdverhalten. Sie werden bis zu 1 cm groß und sind meist braun gefärbt – häufig mit dunkleren, fast schwarzen Streifen auf dem Rücken. Mit ihren schwarz-weißen Streifen und den tiefschwarzen Knopfaugen ist beispielsweise die Zebraspringspinne *(Salticus scenicus)*, die auch Harlekinspringspinne genannt wird, sehr auffällig. Springspinnen können durch die Größe und Anordnung ihrer beiden Hauptaugen sehr gut sehen. Das ist für die Jagd und auch für das visuell geprägte Paarungsverhalten der Springspinnen von Bedeutung. Sie lauern am Boden oder an Wänden auf ihre Beute und springen diese aus einigen Zentimetern Entfernung an. Zu den bevorzugten Beutetieren zählen Fliegen, Motten, Ameisen und andere kleine Spinnen. Manche Arten sichern sich bei ihren Fangsprüngen nach der Beute mit Fäden ab. Diese verhindern den Absturz und dienen auch dazu, den Ausgangspunkt schnell wieder zu erreichen. Beim Balztanz machen die Männchen durch glänzende Körperbehaarung oder Fransen an den Beinen auf sich aufmerksam. Die Weibchen nutzen die Spinndrüsen zum Bau ihrer Eikokons, in die sie bis zu 60 Eier legen. Die Jungspinnen wachsen im unter Steinen oder in Spalten versteckten Kokon heran und schlüpfen nach etwa vier Wochen. Anschließend lassen sie sich selbstständig vom Wind wegtragen.

Wolfsspinnen

Die Vertreter der Familie der Wolfsspinnen bauen für gewöhnlich keine Netze, sondern leben zumeist in Erdhöhlen, in der Krautschicht oder zwischen Steinen in einem Wohngespinst. Heimische Arten erreichen eine Körperlänge von bis zu 2 cm, wobei die Männchen deutlich kleiner bleiben. Markant sind die acht Augen der Spinnen, die in drei Reihen angeordnet sind: die vordere Reihe mit vier kleinen Augen und die hinteren mit jeweils zwei größeren. Der gedrungene Körper ist haarig, meist dunkel und der Hinterleib hell-

braun mit dunklen Flecken gefärbt. Die Männchen haben eine dunklere, fast schwarze Grundfärbung.
Wolfsspinnen jagen überwiegend nachts und lauern an günstigen Stellen auf ihre Beute. Krabbelnde Insekten wie Grillen und Käfer erbeuten sie zumeist auf Sicht oder sie reagieren auf die Erschütterungen des Flügelschlags. Manchmal schleichen sie sich an und überwältigen ihre Beute dann mit einem kräftigen Sprung.

Nach der Paarung im April legt das Weibchen die Eier in einen Kokon, der an den Spinnwarzen befestigt wird. Das Weibchen trägt den Kokon mit sich herum, bis die Jungspinnen geschlüpft sind. Auch die Jungspinnen werden danach bis zur nächsten Häutung auf dem Hinterleib mitgetragen.

Ein idealer Unterschlupf für viele Spinnen

Völlig ungefährliche Insektenvertilger

Fast alle in Europa vorkommenden Spinnen sind für den Menschen völlig ungefährlich, weil die Beißwerkzeuge die menschliche Haut zumeist nicht durchdringen können oder das Gift kaum eine große Wirkung zeigt. Man kann diese unermüdlichen kleinen Helfer mit einem Holzstapel, Sträuchern oder einem Stück nicht gemähter Wiese unterstützen, damit sie ungestört ihre Netze weben können und einen sicheren Unterschlupf haben. Vorhandene Netze sollte man niemals zerstören, damit sie dauerhaft ihrer hilfreichen Tätigkeit nachgehen können.

Wolfsspinne mit Jungspinnen auf dem Hinterleib

Regenwürmer

Die Naturgärtner des Bodens

Beim Umgraben des Gartens sollte zur Grabegabel statt zum Spaten gegriffen werden, um den Regenwurm zu schonen.

Der Tauwurm *(Lumbricus terrestris)*, der auch als Aalwurm oder Gemeiner Regenwurm bezeichnet wird, ist unter den etwa 40 in unseren Breiten vorkommenden Regenwurmarten der bekannteste. Er hat ein rötlich gefärbtes Vorderteil, ein blasses Hinterteil und wird bis zu 20 cm lang. Regenwürmer ernähren sich überwiegend von den Abfallprodukten der Natur, z. B. abgestorbenen Pflanzenteilen, die bereits von Mikroorganismen besiedelt sind. Auch filtern sie beim Graben der Gänge Bestandteile aus der aufgenommenen Erde. Der unverdaute ausgeschiedene Rest ist bester Gartenerde vergleichbar und als Mineralstofflieferant für unsere Pflanzen sofort verfügbar. Die gegrabenen Gänge dienen der Belüftung und der Umschichtung des Bodens. Beim Umgraben des Gartens ist daher die Grabegabel besser als der Spaten. Damit wird der Regenwurm geschont und kann so den Humusgehalt steigern und den Nähstoffgehalt im Boden verbessern. Außerdem nicht sämtliches Laub und Pflanzenreste vom Boden entfernen, damit der Regenwurm dieses abends in seine Röhren ziehen kann. So hat er ausreichend Material zur Verarbeitung.

Kompostwürmer (Eisenia fetida)

Fortpflanzung

Regenwürmer sind Zwitter und pflanzen sich überwiegend im Frühjahr und Herbst fort. Dann sind die Verhältnisse von Temperatur und Bodenfeuchtigkeit für die Paarung besonders günstig. Sie tragen Samen und Eier in einer Verdickung (dem sogenannten Gürtel) im vorderen Drittel des Körpers. Die bis zu 90 befruchteten Eier werden in Kokons abgelegt. In Abhängigkeit von der Temperatur im Boden schlüpfen die Würmer nach einem halben bis zu vier Monaten.

Kompostwürmer für den Bioabfall

Um einen Komposthaufen schnell, effektiv und kostengünstig zersetzen zu lassen, genügt es, eine Handvoll Kompostwürmer *(Eisenia fetida)* einzusetzen. Bei den im Komposthaufen vorherrschenden Temperaturen ist die Reproduktion hoch und der Umsatz der sich zersetzenden Abfälle entsprechend erhöht. Diesem Umstand haben wir es zu verdanken, dass aus Küchenabfällen fruchtbare Erde wird.

Nach ungefähr einem Jahr wird der Tauwurm geschlechtsreif. Deutlich ist der sogenannte Gürtel (Clitellum) zu sehen.

Ein Erdkröten-Paar während der Frühjahrswanderung zum Laichgewässer

Erdkröte

Zum Laichen huckepack

Die Erdkröte *(Bufo bufo)* ist in beinahe ganz Europa heimisch, mit Ausnahme von Island, Irland, Nordskandinavien und vielen Mittelmeerinseln. Als Lebensraum dienen ihr Wälder, Wiesen, Gärten, Weinberge, Obstwiesen, aber auch Friedhöfe, Kiesgruben und Steinbrüche. Die Weibchen können bis zu 13 cm und die deutlich kleineren Männchen ungefähr 9 cm groß werden. Die Farben der warzigen Haut variieren auf dem Rücken in gelb- bis rotbräunlichen Tönen. Die Bauchseite ist gelblich bis grauweiß mit dunkleren Flecken.

Erdkröten sind dämmerungs- und nachtaktiv und weichen nur in der Paarungszeit und nach starken Regenfällen von diesem Verhalten ab. Ansonsten sind sie tagsüber kaum zu sehen, weil sie sich an etwas feuchteren Stellen verstecken. Bevorzugte Verstecke sind kleine Erdhöhlen, Sträucher, Hochstauden, am liebsten unter Steinen und Holzstapeln.

Nachdem die standorttreuen Kröten Anfang März ihr Winterquartier verlassen haben, beginnt die Paarungszeit. Mit dem auserwählten Männchen auf dem Rücken wandern die Weibchen auch über längere Strecken zu den Laichgewässern. Die Eier werden in durchsichtigen Schnüren ins Wasser abgelegt und nach einigen Wochen schlüpfen die winzigen Kaulquappen. In etwa drei Monaten entwickelt sich die Kröte.

Erdkröten bewegen sich schreitend oder laufend vorwärts und springen nur, wenn sie erschreckt oder gestört werden. Sobald sie ein Beutetier erspähen, wird es mit der langen Zunge gefangen. Zur bevorzugten Beute gehören Ameisen, Käfer, Raupen, Wanzen, Spinnen, Asseln und Schnecken, alles Tiere die sich am Boden oder in Bodennähe bewegen. So sind sie auch die natürlichen Faktoren, um Rüsselkäferlarven und Raupen von Eulenfaltern im Garten in Grenzen zu halten.

Da die Erdkröte im Gemüsegarten den größten Nutzen bringt, genügt es in der Nähe von Beeten locker geschichtete Steine, Dachziegel oder Holzstücke als Unterschlupf mit Hohlräumen auszulegen. In längeren Trockenzeiten ist es zudem günstig, kleine Wasserstellen (kleine Becken oder Schalen) einzugraben und anschließend auch regelmäßig mit Wasser zu befüllen.

Selbst ein umgestürzter Tontopf wird von Kröten gern angenommen.

Kreuzkröte

Kurzbeinig und leider sehr laut

Die Kreuzkröte *(Epidalea calamita)* kommt überwiegend nördlich der Alpen, vom Baltikum und der westlichen Ukraine bis zur Iberischen Halbinsel, vor. Dabei bevorzugt sie trockenwarme Lebensräume mit lockeren sandigen Böden. Die Kreuzkröte kann bis zu 7 cm lang werden und Männchen und Weibchen sind etwa gleich groß. Durch ihre kurzen Beine hüpft sie fast nie, dafür kann sie aber mausähnlich rennen. Der warzige Rücken ist braun bis olivgrün gefleckt und die Unterseite weißlich mit dunklen Flecken. Vom breiten Kopf aus zieht sich zumeist eine dünne gelbe Linie über den Rücken („Kreuz"), die der Kreuzkröte ihren Namen verdankt.

Zur Laichzeit senden die Männchen sehr laute Rufe durch die große Schallblase an der Kehle, die in der Dämmerung oder nachts sehr weit zu hören sind. Nach der Paarung laichen die Kreuzkröten von April bis Juni in seichten Tümpeln, kleinen Kiesgruben oder tiefen Pfützen auf Äckern und Wegen. Die Weibchen legen ihre fast 2 m langen Laichschnüre mit bis zu 3000 schwarzen Eiern zumeist zweireihig frei am Boden eines Laichgewässers ab. Die Kaulquappen schlüpfen je nach Wassertemperatur nach etwa sechs Tagen und ernähren sich pflanzlich.

Möchte man Kreuzkröten als Helfer im Garten haben, ist ein kleiner Teich mit Flachwasserbereichen unerlässlich, denn sie benötigt auch im Sommer ein Gewässer in ihrer Nähe. Tagsüber suchen sie unter Steinen, Holz oder in Erdlöchern Schutz. Ihre Nahrung besteht überwiegend aus Ameisen, Fliegen, Käfern, Würmern und auch Schnecken. Zum Überwintern gräbt sie sich in die Erde ein, wenn das nicht möglich ist, nutzt sie Baue von Mäusen, die sie noch vertieft.

Wechselkröte

Überlebenskünstler im Tarnanzug

Ein gut getarnter Gast im Garten

Die Wechselkröte *(Bufotes viridis)* hat ihren Verbreitungsschwerpunkt in den südosteuropäischen Steppen, die nördliche Grenze ist die Ostseeküste und die südliche Grenze liegt in Griechenland. Der Rhein bildet die westliche geografische Verbreitungsgrenze. Ihre Wärmetoleranz und Anpassungsfähigkeit ermöglichen ihr die Besiedelung von kargen, durch den Menschen geschaffenen Lebensräumen wie Industriebrachen, Kiesgruben, Steinbrüchen, verlassenen militärischen Übungsplätzen, Ruderalflächen und auch in Wiesen und Gärten, die an solche Flächen grenzen. Kennzeichnend für die Wechselkröte sind ihre deutlich ausgeprägten grünen Flecken auf dem ansonsten cremig-bräunlichen Rücken. Wegen dieser Flecken wird sie auch Grüne Kröte genannt. Die Bauchseite ist dagegen gelblich hellgrau mit dunkelgrauen Flecken. Die Weibchen erreichen eine Größe bis 10 cm, die Männchen sind erkennbar kleiner. Ihren Namen erhielt diese Krötenart, weil sie ihre Grundfärbung von hell bis dunkel an die Umgebung anpassen können.

Obwohl sie nachtaktiv sind, kann man ihre Rufe bei Bewölkung und feuchtwarmem Wetter auch tagsüber vernehmen. Manchmal vereinen sich die Rufe zu Chören und sind dann weit zu hören. Nach der Paarung im April erstreckt sich die Laichzeit im Zeitraum von Ende April bis Juli. Sobald das Wasser eine Temperatur über 12 °C erreicht hat, legen die Weibchen ihre bis zu 4 m langen, mehrreihigen Laichschnüre in flachen Laichgewässern ab. Große Weibchen in gutem Ernährungszustand können bis zu 12 000 Eier ablegen, aus denen nach etwa einer Woche die Kaulquappen schlüpfen. Nach ungefähr zwölf Wochen ist die Metamorphose beendet und die umgewandelten Jungkröten verlassen ihre Geburtsgewässer. Dabei dringen sie auch in völlig neue Gebiete vor.

Am Tag verbergen sie sich unter Brettern, Steinen oder in Mäuselöchern. Als Nahrung dienen Ameisen, Käfer, Spinnen und andere Gliederfüßer sowie Regenwürmer und kleine Schnecken. Jungtiere bevorzugen eher Pflanzenläuse, Springschwänze und Milben.

Knoblauchkröte

Bei Gefahr riecht's

Die Knoblauchkröten *(Pelobates fuscus)* besitzen zwar eine gedrungene, krötenähnliche Gestalt, aber die glatte Haut gleicht eher denen der Frösche. Entsprechend gehören sie zur Überfamilie der Krötenfrösche. Der ihnen den Namen gebende Knoblauchgeruch wird während Stresssituationen abgesondert. Das dabei abgegebene Sekret dient der Feindabwehr.

Knoblauchkröten kommen vorwiegend in den Tiefebenen Mittel- und Osteuropas vor. Auf trockenen und lockeren Böden in Heidegebieten, Sandgruben und im Ackerland fühlen sie sich zu Hause. Hier können sie sich mit ihren Grabschaufeln besonders gut eingraben. Knoblauchkröten können bis zu 8 cm groß werden, wobei die Männchen deutlich kleiner bleiben. Die Färbung ist variabel und reicht von Creme-, Braun- und Grautönen bis hin zu Dunkeloliv. An den Flanken tragen die meisten Tiere unregelmäßige rote Flecken, die jedes Exemplar einzigartig und unterscheidbar macht. An den Fußsohlen der Hinterfüße besitzen sie je eine verhärtete Schwiele, die als Grabschaufel dient. Die Pupillen sind bei Helligkeit senkrecht geschlitzt – ein besonderes Merkmal, das sie sonst nur noch mit der Geburtshelferkröte *(Alytes obstetricans)* teilt.

Der Laich wird meist um senkrecht stehende Pflanzenstängel gewickelt oder in dichter Vegetation abgelegt. Die 1 m langen und 2 cm dicken Gallertschnüre können bis zu 3500 braunschwarze Eier enthalten und unterscheiden sich deutlich von den viel dünneren Schnüren der anderen Kröten.

Knoblauchkröten sind nachtaktive Jäger und nur während der Paarungszeit auch tagsüber zu sehen. Sonst verbringen sie den Tag häufig in selbst gegrabenen Höhlen. Während die Jungtiere ein breites Spektrum an pflanzlicher und tierischer Nahrung und sogar Aas zu sich nehmen, suchen erwachsene Knoblauchkröten nach am Boden lebenden Käfern, Schmetterlingsraupen, Spinnen, Schnecken und Regenwürmern.

Mithilfe der scharfkantigen Fußsohlen kann sich die Knoblauchkröte schnell in lockeren Böden eingraben.

Grünfrösche

Konzertmeister im Wasser

Im Gartenteich finden sich meist schon nach kurzer Zeit Frösche ein.

Die Grünfrösche werden neuerdings in einer eigenen Gattung *Pelophylax* geführt und auch als Wasserfrösche bezeichnet. Die grünliche Farbe der Haut und ihre halbaquatische Lebensweise haben diesen Fröschen ihren Namen gegeben. Wichtigste heimische Vertreter sind der Seefrosch *(Pelophylax ridibundus)*, der Kleine Wasserfrosch *(Pelophylax lessonae)* sowie der Teichfrosch *(Pelophylax „esculentus")*, einer aus deren natürlicher Kreuzung hervorgegangenen Bastardform. Verfügt der Garten über einen Teich mit flachen Uferbereichen, ein größeres Wasserreservoir mit Ausstiegsmöglichkeiten oder einen benachbarten Bachlauf, bestehen gute Chancen einen der als fleißigen Insektenvertilger im Garten vorzufinden. Die Fortpflanzungszeit der Grünfrösche findet hauptsächlich von Mai bis Juni statt, in der die Männchen bis spät in die Nacht ihre Paarungsrufe erschallen lassen. Die Froschkonzerte werden durch Schallblasen rechts und links des Kopfes ermöglicht.

Seefrosch

Der Seefrosch vermag mit einer Körperlänge von bis zu 15 cm sehr groß werden und bevorzugt Seen, Teiche, Weiher oder auch die Ufer größerer Flüsse als Lebensraum. Er lebt fast ganzjährig an oder in den Gewässern. Die Oberseite ist olivgrün mit großen, dunklen, unregelmäßigen Flecken und verfügt zumeist über eine grüne Mittellinie. Die Unterseite ist dunkel bis schwarz gefleckt.

In der Laichzeit suchen Seefrösche pflanzenreiche Stillgewässer – wie Altarme von Flüssen, Gräben oder Altgewässer in Flussauen – auf. Die Weibchen legen in der Saison bis zu 12 000 Eier in kleinen Klumpen an den Wasserpflanzen ab. Sie überwintern im Schlamm tiefer Gewässer, die möglichst nicht bis zum Grund gefrieren. Das Nahrungsspektrum umfasst die gleichen Bestandteile wie bei anderen Grünfröschen, wird aber noch um kleinere Wirbeltiere wie Molche, Fische oder Frösche erweitert.

Zwei Wasserfrösche bei der Paarung

Wasserfrosch mit aufgeblähten Schallblasen

Kleiner Wasserfrosch

Der Kleine Wasserfrosch kann bis zu 6 cm groß werden. Er hat eine grasgrüne Oberseite mit meist einem hellgrünen Rückenstreifen und wenigen dunklen Flecken. Die Unterseite ist zumeist weißlich und nur wenig oder nicht gefleckt. Er lebt auf Wiesen, Weiden und in Auenbereichen, Parks und Gärten mit Wasserstellen.

Nach der Paarung legen die Weibchen bis zu 4500 Eier in kleineren Klumpen ab und heften diese an Pflanzen. Der Kleine Wasserfrosch überwintert in frostsicheren Quartieren an Land. Nahrungsspektrum für ihn sind Mücken, Fliegen, Käfer, Zikaden, Libellen, Spinnen und manchmal Schnecken, Würmer oder kleine Wirbeltiere.

Teichfrosch

Der Teichfrosch entstand ursprünglich aus einer natürlichen Kreuzung zwischen Kleinem Wasserfrosch und Seefrosch und vereint somit auch Merkmale von beiden Arten in sich. Er kann bis zu 9 cm groß werden. Die Rückenpartie ist hell- bis grasgrün und mit kleinen, rundlichen, schwarzen Flecken und einem breiten hellgrünen Streifen vom Kopf bis zum Rückenende versehen. Als Lebensräume dienen ihnen ständig wasserführende Teiche, Weiher sowie andere offene Stillgewässer.

Die Weibchen legen nach der Paarung bis zu 8000 Eier in Ballen mit etwa 1000 Eiern im Wasser ab und verankern diese an Wasserpflanzen. Zum Laichen werden auch langsam fließende Bäche, künstlich angelegte Teiche und Betonbecken aufgesucht. Der Teichfrosch kann im Teich oder an geeigneten Stellen an Land überwintern. Das Nahrungsspektrum umfasst die gleichen Bestandteile wie beim Kleinen Wasserfrosch.

Grasfrosch

Hat es gerne feucht und kühl

Der Grasfrosch *(Rana temporaria)* kommt in unterschiedlichen Bestandsdichten beinahe überall in Europa vor, im Mittelmeerraum und Richtung Schwarzes Meer wird er teils jedoch von anderen Braunfroscharten vertreten. Er wird in Ausnahmefällen bis zu 11 cm lang, hat einen gedrungenen Körper und die Schnauze ist abgerundet. Die Haut ist rotbraun, glänzend und besitzt dunkle bis schwarze Flecken. Mit seinen stark entwickelten Hinterbeinen kann er nicht nur weit springen, sondern auch sehr gut schwimmen und tauchen. Der Grasfrosch liebt feuchte und schattige Plätze und zum Überwintern einen Teich mit einer Schlammschicht.

Die Paarung findet sehr früh im Jahr statt. Ebenso ist die Laichzeit der Grasfrösche sehr kurz, sodass sie zeitgleich in drei bis vier Nächten ihren Laich auf engem Raum ablegen. Er wird in Klumpen mit bis zu 4000 Eiern ins Wasser abgegeben und findet an Wasserpflanzen Halt. Nach etwa vier Wochen schlüpfen die Kaulquappen und nach weiteren acht Wochen verwandeln sich diese in kleine 1,5 cm lange Frösche. Als Lebensraum bevorzugen sie wie die erwachsenen Frösche lichte Wälder, Parks, Gärten, Wiesen und andere feuchte Gebiete.

Grasfrösche sind Einzelgänger und dämmerungsaktive Jäger, nur bei Regenwetter und mäßigen Temperaturen jagen sie auch tagsüber. Zu ihrer Beute, die sie im Sprung oder durch Zuschnappen fangen, zählen Heuschrecken, Käfer, Spinnen, Würmer, Nackt- und Gehäuseschnecken sowie Asseln.

Möchte man einen solchen Helfer in den Garten locken, genügen eine freiwachsende Hecke, nur mit der Sense gemähte Rasenflächen, ein paar große Steine und ein fischfreier naturnaher Teich. Der Teich sollte als ideales Laich- und Überwinterungsgewässer über Flachbereiche mit dichterer Vegetation und einen schlammigen Grund verfügen.

Zauneidechse

Fast immer sonnenhungrig

Die Zauneidechse *(Lacerta agilis)* gehört zur Gattung der farbenprächtigen Smaragdeidechsen. Ihr Verbreitungsgebiet erstreckt sich von Frankreich über Mittel- und Osteuropa bis zur Balkanregion und dem Kaukasus. Zauneidechsen besiedeln Magerbiotope wie trockene Waldränder, Bahndämme, Heideflächen, Steinbrüche, Kiesgruben, Wildgärten, Gärten und ähnliche Lebensräume mit offenen, lockerbodigen Abschnitten und dichter bewachsenen Bereichen. Wichtig sind auch Elemente wie Totholz, mehrjährige Stauden und Altgras am Zaungrund.

Sie können eine Gesamtlänge von bis zu 24 cm erreichen, wobei der Schwanz etwas länger als der Körper ist. Die Kennzeichnung und Färbung variiert bei den einzelnen Tieren in Abhängigkeit von Alter und Umgebungstemperatur, bei den Männchen intensiver als bei den Weibchen. Auf dem Rücken verlaufen drei weiße Linienbänder und die Elemente in Form von Strichen oder Punkten sind oftmals von dunkelbraunen Flecken umrahmt. Zwei sandfarbene Streifen grenzen den Rücken von den Flanken ab. Während der Paarungszeit von April bis Anfang Mai sind die Flanken der Männchen intensiv grün gefärbt.

Nach der Paarung verbringen die Weibchen mehr Zeit in der Sonne, um die Entwicklung der Eier zu fördern. Ab Ende Mai legen sie an offenen besonnten Standorten bis zu 15 Eier in selbst gegrabene Höhlen. Nach etwa acht Wochen schlüpfen die Jungen mit etwa 5 cm Länge. Während der Entwicklung der Jungtiere haben sich die Männchen schon auf die Suche nach geeigneten Winterquartieren gemacht. Ende September suchen die Weibchen die Winterquartiere auf, während am längsten die Jungtiere – nämlich bis Ende Oktober – aktiv bleiben. Geeignete Winterquartiere stellen Erdlöcher, frostgeschützte Spalten oder Lücken unter Steinhaufen dar.

Kleine Verstecke im Garten schaffen

Wer Zauneidechsen im Garten beobachten möchte, sollte am Zaun altes Gras belassen oder einige Steine in der Nähe des Zaunes aufschichten. Ein Hochbeet – von Trockenmauern umgrenzt – oder ein Baumstubben in Zaunnähe wird zum Sonnen oder als Versteck gerne angenommen. Das Nahrungsspektrum reicht von Fliegen, Heuschrecken, Schmetterlingen, Käfern und Spinnen bis hin zu Raupen, Asseln und kleinen Schnecken.

Männchen mit intensiv gefärbten Flanken während der Paarungszeit

Maureidechse

Flinke kleine Sonnenanbeter

Flinke Trickser

Wenn Mauereidechsen festgehalten werden, sind sie – wie auch alle anderen Eidechsenarten – in der Lage, ihren Schwanz abzustoßen, um so der Gefahr zu entgehen. Der Schwanz regeneriert sich zwar, bleibt aber zumeist kürzer und dünner.

Die Mauereidechse *(Podarcis muralis)* kommt von Mittelspanien bis zur Küste des Schwarzen Meeres vor – in den nördlicheren Bereichen wie Frankreich und Südwestdeutschland vorwiegend in klimatisch begünstigten Hanglagen entlang von Flüssen oder vom Weinbau geprägten Regionen. Als Lebensraum bevorzugt sie Felsen, unverfugte Trockenmauern, Burgruinen, Industriebrachen oder Bahndämme. Dabei benötigt sie auch offene sonnige Steinflächen mit benachbarten Unterschlupfmöglichkeiten. Mauereidechsen können bis 20 cm lang werden, wobei Kopf und Körper ebenso lang sind wie der Schwanz. Die Färbung variiert von grau bis braun und hat verschiedenartige Flecken, die zu einem Netzmuster zusammenfließen können. An den Flanken besitzen die meisten Tiere ein dunkles Band mit hellen Flecken.

Fortpflanzung und Lebensweise

Die Paarung findet zumeist Ende April bis Anfang Juni statt. Die Weibchen legen in der Zeit zwischen Mitte Mai und Anfang August bis zu zehn Eier in selbst gegrabene Gruben. Bei günstigen Witterungsverhältnissen kann die Mauereidechse so bis zu drei Gelege pro Jahr ablegen. Die ersten Jungen schlüpfen ab Ende Juli und sind wie die Alttiere sehr schnelle Kletterer und auch gute Schwimmer.

Mauereidechsen halten von November bis März in Erdlöchern, zwischen Steinhaufen oder tiefen Mauerritzen Winterruhe. Bei längeren Schönwetterperioden sind sie auch im Winter auf Mauern oder an Steinen in der Sonne sitzend zu beobachten. Zur Nahrung gehören kleine Wirbellose wie beispielsweise Heuschrecken, Fliegen, Schmetterlinge, Spinnen, Würmer und Asseln.

Ein Platz an der Sonne

Mauereidechsen im Garten zu haben, erfordert nicht viel: Sonnenplätze wie zum Beispiel eine Kräuterspirale aus Steinen geschichtet (nicht gemauert), eine Trockenmauer als Terrassenbegrenzung oder auch ein Steinhaufen. In der Nähe der Steine bzw. Mauer außerdem ein Stück freie Erde zur Eiablage und natürlich eine Trinkgelegenheit in Form einer Schale, die ständig mit frischem Wasser gefüllt sein muss.

Im Steingarten fühlen sich Mauereidechsen wohl und sonnen sich bei schönem Wetter.

Ein Steingarten bietet besonders zahlreiche Lebensräume für Eidechsen und viele andere Gartennützlinge.

Blindschleiche

Nicht blind und nur schlangenähnlich

Die Blindschleiche *(Anguis fragilis)* gehört in Mitteleuropa zu den am häufigsten vorkommenden Reptilien. Sie ist eine Echse ohne Beine, kann bis zu 50 cm lang werden und hat mit einer Schlange verwandtschaftlich nichts gemein. Die Färbung der schuppigen Haut variiert von braun zu grau und kann bei Weibchen und Jungtiere silbrig oder goldfarbig glänzen. Jungtiere besitzen vom Kopf bis zur Schwanzspitze einen schwarzen sogenannten Aalstrich.

Der oftmals gebrauchte Name „Glasschlange" beruht auf der Fähigkeit, bei Gefahr den Schwanz an mehreren Sollbruchstellen abzustoßen. Dieser regeneriert sich aber verkürzt wieder.

Blindschleichen bevorzugen deckungsreiche Vegetation mit einer guten Bodenfeuchte und sind auch nicht ganz so wärmebedürftig wie andere Reptilien. Bevorzugte Lebensräume sind lichte Laubwälder, Hecken, Brachen, Wiesen, Bahndämme, Randbereiche zu Weinbergen, Parks, Gärten und kühle Bachniederungen. Sie leben eher unauffällig und sonnen sich nur in den Morgen- oder Abendstunden oder erwärmen sich unter schützenden Steinen und Holzbrettern.

Blindschleichen werden aufgrund ihres Äußeren häufig mit Schlangen verwechselt, sind aber näher mit Leguanen und Agamen verwandt.

Das Weibchen trägt die befruchteten Eier bis zur Schlupfreife aus, wobei sich die Jungtiere vom Dotter in ihrer Eihülle ernähren. Sind sie voll entwickelt, platzt die Eihülle und die Jungen beginnen sofort ihr eigenständiges Leben. Je nach Alter und Größe des Weibchens können bis zu zwölf Exemplare geboren werden.

Bei der Jagd verlassen sich die dämmerungsaktiven Blindschleichen auf ihren Tast- und Geruchssinn. Nahrung sind Nacktschnecken, Regenwürmer, Raupen, Käfer, Larven, Spinnen und andere Gliedertiere.

Findet man eine Blindschleiche in seinem Garten, so ist das bereits ein Zeichen für eine naturnahe Gestaltung. Auf Dauer benötigt sie ein paar große flache Steine, einen Holzstapel, einen Komposthaufen und eine Trinkmöglichkeit – wie einen Gartenteich oder eine Schale mit ständig frischem Wasser.

Vögel als Gäste in unseren Gärten

Diese Mönchsgrasmücke hat ihr Nest gut geschützt in einer alten Eibe angelegt.

Die besten Voraussetzungen zur Ansiedlung eines möglichst großen Vogelbestands bieten Gärten, in denen sich nicht nur Blumen- und Gemüsebeete befinden, sondern die weitaus mannigfaltiger strukturiert sind. Zu den Strukturelementen, die auf viele Vögel sehr einladend wirken, gehören vor allem Heckenformationen, dichte Strauchgruppen und Bäume.

Auch mit Weinreben, Efeu oder anderen blattreichen Kletterpflanzen bewachsene Lauben, Pergolen oder Geräteschuppen werden von Vögeln gerne angenommen. In derartigen Gärten finden die Vögel genügend Nahrung und auch geeignete, oft etwas versteckt liegende Bereiche für den Bau der Nester und die Aufzucht ihres Nachwuchses. Für zahlreiche Nischen- und Halbhöhlenbrüter, wie beispielsweise Bachstelze und Hausrotschwanz, sind auch Simse unter einem Vordach oder einzelne fehlende Steine in alten Mauern als Brut- und Nistplätze äußerst interessant.

Zaunpfähle, Pflanzstäbe und andere Elemente sind für viele Vögel gute Ruheplätze und bieten einen sehr guten „Rundumblick“ zur Nahrungssuche oder zum Nestschutz. In einem reich strukturierten Garten muss nicht auf eine oder mehrere Rasenflächen verzichtet werden. Ganz im Gegenteil, solche Flächen können ebenfalls als gestalterische Elemente genutzt werden. Werden sie nur im Wechsel gemäht, sodass in einigen Bereichen die Wiesenkräuter weiterwachsen, oder sind mit Blühinseln durchsetzt, tragen sie zur Auflockerung der Gartenlandschaft bei. Einige Vogelarten, zum Beispiel Amsel, Star oder Bachstelze, stolzieren oder hüpfen gerne auf diesen Flächen umher, um nach Käfern, Würmern, Spinnen und kleinen Schnecken Ausschau zu halten.

Strukturelle Gartenvielfalt mit einem Wechsel von Bäumen, Stauden und Freiflächen

Blaumeise

Bunte Akrobaten auf Futtersuche

Die Blaumeise *(Cyanistes caeruleus)* ist einer der bekanntesten und häufigsten Vögel in Mitteleuropa und kommt mit Ausnahme des hohen Nordens in ganz Europa, Vorderasien und in den Mittelmeerländern Nordafrikas vor. Mit einer Größe von 11 cm und einem Gewicht von etwa 12 g ist er ein Leichtgewicht unter den Meisen. Der Kopf, die Flügel und der Schwanz sind blau, der Rücken grün, der Bauch gelb, Nacken und Kehle schwarz und die Wangen sind weiß. Als Lebensraum bevorzugen Blaumeisen lichte Eichenwälder, Streuobstwiesen, Parks und Gärten mit hohen alten Bäumen. Außerhalb der Brutzeit sind sie sehr gesellig und bilden mit anderen Meisen kleine Gruppen.

Jungenaufzucht

Um Blaumeisen bei einer erfolgreichen Aufzucht zu unterstützen, müssen die Nistkästen ein kleines Einflugloch mit einem Durchmesser von maximal 26 mm haben und mindestens 4–5 m hoch aufgehängt werden. Allerdings muss auch die Größe des Gartens und der Umgebung bedacht werden,

Höhlenbrüter

Unter Höhlenbrütern versteht man diejenigen Vogelarten, die ihre Nester in hohle Bäume, Mauerlöcher, Erdhöhlen und Felsspalten bauen. Viele von ihnen nehmen zur Aufzucht ihrer Jungen gerne Nistkästen an. Einige Vögel, wie die meisten Spechte, bauen sich ihre Bruthöhlen selbst. Im Folgenden werden die wichtigsten höhlenbrütenden Arten näher vorgestellt. Je nachdem, wo der Garten gelegen ist, kommen häufig jedoch auch noch andere Höhlenbrüter hinzu. So können sich typische Bewohner des Waldes wie Stein- und Waldkauz oder der Eichelhäher in den Garten verirren. Sind Gewässer in der Nähe, kommt es schon einmal vor, dass eine Schellente, Brandgans oder sogar ein farbenprächtiger Eisvogel zu beobachten sind.

Blaumeisen sind typische Höhlenbrüter, die auch gerne einen Nistkasten annehmen.

damit genügend Platz zur Futtersuche vorhanden ist. Nach der Wahl der passenden Höhle oder eines Nistkastens entfernt das Weibchen mit dem Schnabel etwas Material vom Einflugloch und beginnt mit dem Nestbau. Das kann je nach Witterung wenige Tage oder Wochen dauern und das Nest wird während dieser Zeit energisch gegen fremde Interessenten verteidigt. Ist der Nestbau beendet, legt das Weibchen ab März bis zu zwölf Eier und bebrütet diese 14 Tage lang. Die Nestlinge bleiben weitere 18 Tage im Nest und werden von beiden Altvögeln mit tierischer Nahrung versorgt. Bei guten Bedingungen kann auch noch eine zweite Brut großgezogen werden.

Nahrungsspektrum

Als Nahrung sammeln sie Spinnen, Fliegen, Blattläuse, Raupen, Heuschrecken sowie andere Insekten und deren Larven von Baumrinden, Zweigen, Blättern und Halmen. Im Winter bevorzugen sie Beeren, Samen und Nüsse. Verbleibt die Blaumeise als Standvogel im Winter in ihrem Revier, ist sie ein regelmäßiger Gast am Futterhäuschen. Dort bevorzugt sie Sonnenblumenkerne, Trockenfrüchte und das Fett von Meisenringen oder -knödeln.

Mit akrobatischen Flugmanövern streiten Blaumeisen selbst um einen großen Meisenknödel.

Haubenmeise

Unverkennbar dank ihrer Federhaube

Die Haubenmeise *(Lophophanes cristatus)* kommt in Europa und in Westsibirien von den Küsten bis zur Baumgrenze in den Gebirgen vor und besiedelt dort hauptsächlich Nadelwälder. Seltener ist sie in Mischwäldern zu finden. Die schwarz-weiße Federhaube, der graubraune Rücken sowie die cremefarbenen Flanken machen diese Meise unverwechselbar. Sie wird etwa 12 cm lang, ist standorttreu und an die Kälte angepasst.

Das Weibchen baut sein Nest in kleine Höhlen in Bäumen, Felsen oder in der Erde. Nistkästen im Revier werden gerne angenommen und verteidigt. Ab Mitte April bis in den Juli legt das Weibchen etwa neun Eier und bebrütet diese ungefähr 16 Tage lang. Zwei Bruten im Jahr sind möglich. Die Nestlinge werden mit Insekten, deren Larven und Eiern sowie Spinnen gefüttert. Im Spätherbst erweitert sich das Nahrungsspektrum um Beeren und Nadelholzsamen. Die Haubenmeise legt wie die Tannenmeise kleine Nahrungsvorräte an. Nur bei Nahrungsmangel erscheint sie am Futterhaus, um Nüsse und Körner zu fressen.

Die Haubenmeise trägt eine charakteristische, leicht nach vorn gebogene Federhaube, die auch angelegt werden kann.

Kohlmeise

Immer mit schwarzer Krawatte

Kohlmeisen *(Parus major)* kommen in ganz Europa und Vorderasien, in Teilen Nordafrikas sowie in einem breiten Band quer durch Sibirien vor. Bevorzugte Lebensräume sind lichte Laub- sowie Mischwälder, Baumreihen, mit Hecken strukturierte Felder und Wiesen, Parks und Gärten. Als Schlaf- und Nistmöglichkeiten sind ausreichend Höhlen, Mauerritzen oder Nistkästen wichtig. Kohlmeisen werden etwa 14 cm lang, wiegen bis zu 22 g und sind damit die größte heimische Meisenart. Kopf und Kehle sind schwarz mit weißen Wangen und die Flügel sowie der untere Rückenbereich graublau. Der obere Teil des Rückens ist grün und der Bauch leuchtend gelb mit einem schwarzen Längsband. Die Färbung des Weibchens ist blasser und das Band am Bauch schmaler.

Die Brutzeit der Kohlmeisen beginnt Ende April, das Weibchen baut das Nest aus Moos und Gras. Nachdem es ausgepolstert ist, legt es bis zu zwölf Eier und brütet etwa 14 Tage. Die Nestlinge werden durch die unermüdliche Fütterung beider Altvögel nach ungefähr 20 Tagen flügge und im Anschluss noch etwa zwei weitere Wochen betreut und gefüttert. Über den gesamten Zeitraum der Jungenaufzucht werden so durchschnittlich 10 000 Raupen verfüttert oder von den Eltern selbst gefressen. Bei passender Witterung und ausreichendem Futterangebot kann ab Juni auch eine zweite Brut folgen.

Als Hauptnahrung bevorzugt die Kohlmeise vor allem Falter und deren Raupen, aber auch andere Wirbellose werden erbeutet. Die Raupen des Apfelwicklers holt sie sogar aus den Gespinstkokons. Sobald die Anzahl der Insekten ab Herbst abnimmt, fressen sie Beeren und Samen. Als Standvogel nimmt die Kohlmeise gerne Winterfutterplätze an und bevorzugt dabei Sonnenblumenkerne, ungesalzene Nüsse und Meisenknödel oder -ringe. Stellt man die Futterstelle in der Nähe von Obstbäumen auf, werden von ihr auch im Winter die Insekten aus der Rinde gepickt.

Sicherheit geht vor

Will man die emsigen Helfer im Garten haben, sollte man wissen, dass Kohlmeisen ihr Futter immer in einiger Entfernung zum Nistplatz suchen. Das dient sowohl der Sicherheit des Geleges als auch der Sicherung des eigenen Schlafplatzes. Sie beginnen also immer erst in einem Sicherheitsabstand von 10–15 m mit ihrer Nahrungssuche. Bei falscher Platzierung des Nistkastens also nicht darüber wundern, dass sie zur Futtersuche in den Nachbargarten fliegen!

Kohlmeisen-Weibchen im Nistkasten bei der Fütterung der Nestlinge

Tannenmeise

Klein und äußerst wendig

Die Tannenmeise *(Periparus ater)* kommt mit wenigen Ausnahmen in fast ganz Europa, in vielen Teilen Asiens sowie im Atlasgebirge Nordafrikas vor. Bevorzugte Lebensräume sind Nadel- sowie Mischwälder. Manchmal ist sie in Parks und Gärten mit entsprechend hohem Anteil an Nadelhölzern zu finden. Tannenmeisen werden bis 11 cm lang und wiegen maximal 10 g, sind also wesentlich kleiner als die ihnen äußerlich ähnelnden Kohlmeisen. Der Kopf und die Kehle sind schwarz, die Wangen weiß. Kennzeichnend sind der graue Rücken, der deutliche weiße Nackenfleck, die weißen Flecken auf den Flügeln und der beigefarbene Bauch.

Tannenmeisen bauen ihre Nester mit Beginn der Brutzeit im März in Astlöchern, Baumhöhlen, Felsspalten und manchmal sogar in Erdlöchern. Das Nest besteht aus Moos, Halmen und Blättern und sobald es ausgepolstert ist, legt das Weibchen bis zu zehn Eier. Nach etwa 18 Tagen Brutdauer schlüpfen die Jungen und werden nach ungefähr 16 Tagen flügge. Bei guten Bedingungen ist eine zweite Brut möglich.

Zur Aufzucht der Jungen werden Insekten – insbesondere Blattläuse und Larven – sowie Spinnen gesucht. Die weitere Nahrung besteht aus den Samen verschiedener Zapfen sowie anderer Samen. Im Winter bevorzugt die kleine Meise Meisenringe und -knödel. Tannenmeisen sind Teilzieher und im Winter in größeren Schwärmen zu beobachten. Unterstützen kann man die Vögel durch das Anpflanzen einer Gruppe von Nadelbäumen im Garten oder, falls diese bereits vorhanden sind, durch das Anbringen eines Nistkastens.

Die Nahrung der Tannenmeise besteht vor allem aus Insekten, im Winter zusätzlich aus den Samen verschiedener Nadelhölzer.

Bauanleitung für einen Meisenkasten

Besonders die Höhlenbrüter unter unseren Singvögeln sind auf Nistkästen angewiesen, da sie kaum noch natürliche Baumhöhlen finden. Das hier gezeigte Modell wird von den verschiedensten Höhlenbrütern angenommen. Welche Vögel es in Besitz nehmen, hängt in erster Linie von der Größe des Fluglochs ab. Kleinmeisen (Blau-, Hauben-, Sumpf- und Tannenmeise) sowie Feldsperlinge benötigen nur einen Durchmesser von etwa 26–28 mm. Weist das Flugloch dagegen eine Größe von 32–34 mm auf, können auch größere Vögel wie Kohlmeise, Trauer- und Halsbandschnäpper, Gartenrotschwanz, Kleiber, Haussperling oder Wendehals einziehen.

Die Kästen müssen unerreichbar für Katzen und andere Feinde platziert werden. Das Einflugloch möglichst nicht nach Westen ausrichten. Ideal sind Osten oder Süden.

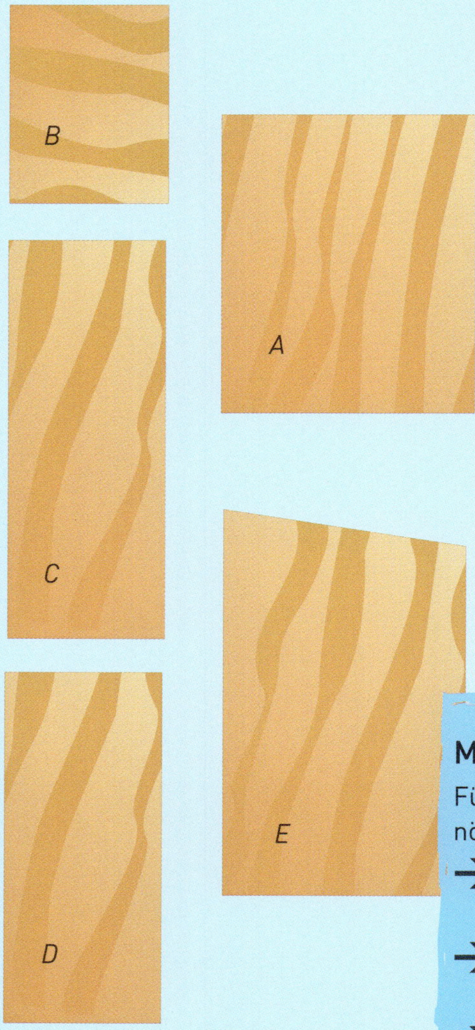

Fünf verschiedene Teile werden für den Nistkasten benötigt. Die Seitenwand (E) muss zweimal zugeschnitten werden.

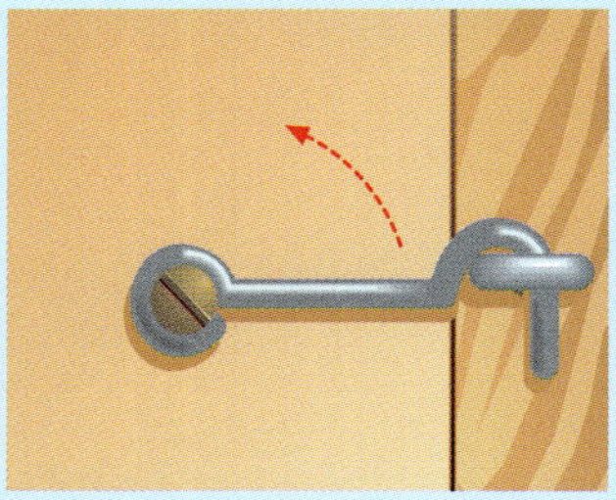

Mit einem Haken sichert man die Vorderwand.

Materialliste

Für den Meisenkasten benötigt man:

- → 1 Brett für die Bodenplatte 120 x 140 mm
- → 1 Brett für die Vorderfront 120 x 250 mm
- → 1 Brett für die Rückwand 120 x 270 mm
- → 2 Bretter für die Seitenwände 270 x 180 mm (steigen nach hinten leicht an)
- → 1 Brett für das Dach 180 x 220 mm
- → Haken, Scharnier, Nägel oder Schrauben, Leim

Nistkastenbau

Besonders gut eignen sich abgehobelte Bretter mit einer Brettstärke von 20 mm aus Douglasienholz, dass im Vergleich mit zahlreichen anderen Hölzern eine bessere Witterungsbeständigkeit hat. Zuerst zeichnen Sie alle Teile nach den Maßen der Materialliste auf das Brett und sägen sie sauber aus. Wer keine Stichsäge hat, kann auch einen normalen Fuchsschwanz benut-

→ *Die benötigten Einzelteile mithilfe eines Winkels anzeichnen.*

→ *Mit einer elektrischen Stichsäge exakt aussägen.*

→ *Sägekanten mit Schleifpapier und einem Stück Latte als Schleifklotz glätten.*

→ *Der Nistkastenboden (B) erhält 4–5 Bohrungen, damit Feuchtigkeit abziehen kann.*

→ *Mit einer Lochsäge das Flugloch in die Vorderfront schneiden.*

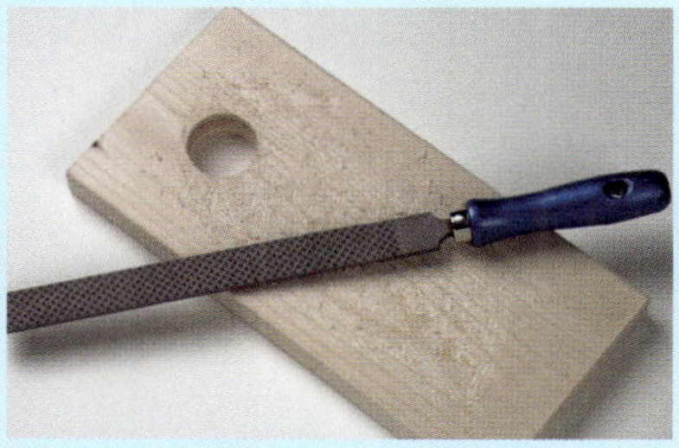

→ *Bei gehobelten Brettern die Innenseite der Vorderwand mit einer Raspel anrauen.*

→ *Obere Vorderkante der Vorderfront abrunden, damit man sie später hochklappen kann.*

→ *Wasserfester Leim gibt den zu verbindenden Teilen einen zusätzlichen Halt.*

→ *Alle Teile nun miteinander verschrauben oder vernageln.*

→ *Die bewegliche Vorderfront unten mit Haken fixieren.*

zen. Die Kanten mit Schleifpapier glätten. Damit die Vögel im Inneren Halt finden, wird die Vorderwand an ihrer Innenseite ein wenig angeraut. Wenn Sie schrauben statt nageln wollen, sollten Sie die Schraublöcher vorbohren.

Zunächst bohrt man in die Bodenplatte vier bis fünf Löcher, aus denen später die Feuchtigkeit immer gut aus dem Kasten entweichen kann. Anschließend befestigt man mit Holzschrauben die Seiten sowie die Rückwand an der Bodenplatte. Zur besseren Stabilisierung werden die Seitenwände noch zusätzlich mit der Rückwand verbunden. In die Vorderfront wird mittig, etwa 4 cm unter der Oberkante, das Einflugloch (26–28 mm für Kleinmeisen, 32–34 mm für Kohlmeisen und andere Höhlenbrüter) gebohrt.

Danach verbindet man die Bodenplatte durch ein Scharnier mit der Vorderfront, sodass sich Letztere später problemlos zu Reinigungszwecken öffnen lässt. Um zu vermeiden, dass die Vorderfront nach vorn herausklappt, bringt man zusätzlich zwei kleine Ösen an und versieht die Seitenwände mit den zugehörigen Haken.

Schutz vor Nesträubern

Zum Schutz vor Katzen und Mardern kann das Einflugloch mit einem Vorbau versehen werden. Zu diesem Zweck genügt ein 3–4 cm starkes Vierkantholz aus Eiche oder Buche, welches eine Bohrung besitzt, die etwa 2–3 mm größer ist als das eigentliche Einflugloch.

Schutz des Nistkastens

Falls man den Nistkasten in einem Gebiet mit einem großen Spechtbestand aufhängen möchte, ist es außerdem ratsam, die Vorderfront mit einem 1–2 mm starken, möglichst nicht mehr intensiv metallisch glänzenden Blech zu verblenden. Die erforderliche Bohrung in diesem Blech sollte ebenfalls 2–3 mm größer sein als das Einflugloch.

Auf ein Anstreichen des Nistkasteninnenraums mit synthetisch hergestellten Lacken oder Beizen sollte man unbedingt verzichten, da der oft zurückbleibende Farbgeruch viele Vogelarten davon abhält, diese Brutstätte auch tatsächlich zu beziehen.

Der fertige Meisenkasten ist bereit für die Brutsaison.

Hübsch farbig angemalt erfreut ein solches Vogelhaus viele Jahre lang sicher auch jeden zweibeinigen Gartenbesucher.

Perfekter Schutz für Meisen & Co: Die weite Überdachung schützt vor Nesträubern und das schmale Einflugloch ist mit einem Blech verstärkt.

Eine weitere schlichte Alternative – hergestellt aus einfachen Holzmaterialien

Schwanzmeise

Auch auf feinen Zweigen im Gleichgewicht

Die Schwanzmeisen gehören verwandtschaftlich nicht direkt zu den Meisen und bilden eine eigenständige Familie. Die Schwanzmeise *(Aegithalos caudatus)* kommt mit Ausnahme von Nordskandinavien und Island überall in Europa, im Vorderen Orient und in einem breiten Band quer durch ganz Asien vor. Als Lebensraum besiedelt sie feuchte und lichte Laub- oder Mischwälder, strukturierte Randbereiche offener Flächen, Heckenlandschaften, Streuobstwiesen, Parks, Friedhöfe sowie Gärten mit Bäumen, Sträuchern und rankenden Pflanzen. Sie wird etwa 14 cm lang, wobei der Schwanz ebenso lang ist wie der rundliche Körper. Der Kopf ist je nach regionaler Unterart rein weiß oder besitzt über den Augen einen schwarzen Bereich. Das restliche Gefieder ist weiß, rötlich und schwarz.

Schwanzmeisen sind keine direkten Höhlenbrüter. Sie bauen in Bäumen, Sträuchern oder rankenden Pflanzen gemeinsam ein geschlossenes ovales Nest mit einem seitlichen kleinen Einflugloch. Die Nester werden stehend oder hängend angebracht. Von April bis Juli legt das Weibchen etwa zehn Eier und brütet ungefähr 13 Tage lang. Bei guten Bedingungen wird auch eine zweite Brut großgezogen. Die Jungen werden von den Eltern und anderen Einzeltieren gerne mit Raupen gefüttert, bis sie nach etwa 18 Tagen flügge sind. Außerhalb der Brutzeit leben sie in Gruppen von etwa 30 Tieren zusammen. Als Nahrung sammeln sie Blatt- und Schildläuse von dünnsten Zweigen, wobei der lange Schwanz beim Balancieren hilft. Auch kleine Spinnen, kleine Insekten sowie deren Eier und Larven werden als Nahrung angenommen. Im Spätherbst und Winter wird das Nahrungsspektrum durch Samen, Algen und Flechten auf Zweigen sowie durch Beeren ergänzt. An der Futterstelle im Winter nehmen sie fast alles, was vorgefunden wird.

Mehlschwalbe

Im Steilflug zum Futter

Die Mehlschwalbe *(Delichon urbicum)* kommt in fast ganz Europa und großen Teilen Asiens vor und überwintert als Zugvogel in der südlichen Hälfte Afrikas oder in Südostasien. Sie wird etwa 12,5 cm lang und erhielt ihren Namen wegen des weißen Gefieders am Unterbauch, also von der Kehle bis zum Bürzel. Das restliche Gefieder ist an Kopf, Rücken, Flügeln und Schwanz blauschwarz.

Unmittelbar nach ihrer Rückkehr aus Afrika werden geeignete Nistplätze wie Dachvorsprünge, Vordächer oder andere Vorbauten ausgesucht. Anschließend beginnen die Mehlschwalben, ihre becherförmigen Nester aus Schlammkügelchen in Brutgemeinschaften, die zumeist vier bis fünf Nester umfassen, zu errichten. Anders als die Rauchschwalben errichten Mehlschwalben ihre Nester nur in Ausnahmefällen innerhalb von Gebäuden. Während der Brutzeit von Ende Mai bis Ende August legt das Weibchen bis zu fünf Eier und beide Altvögel bebrüten diese etwa 15 Tage lang, bis die Jungen schlüpfen. Die Nestlinge werden von beiden Eltern gefüttert und sind nach maximal 32 Tagen flügge. Pro Jahr werden zumeist zwei Bruten großgezogen.

Mehlschwalben bauen ihr Nest aus feuchten Lehm- oder Erdklümpchen unter natürlichen oder künstlichen Überhängen.

Mehlschwalben bevorzugen als Nahrung Blattläuse, Fliegen, Mücken, Käfer, Schmetterlinge und Webspinnen. Ihre Nahrung jagen sie überwiegend in der Luft oder sie nehmen sie vom Boden auf. Ende September sammeln sich die Schwalben zu größeren Schwärmen, um wieder in ihre Winterquartiere ins südliche Afrika zu fliegen.

Mehlschwalben-Nisthilfe für den Nestbau

Nistmaterial und Nisthilfen

Mehlschwalben kann man unterstützen, indem man ihnen Hilfen für den Nestbau anbietet. Dazu gehören lehmige Pfützen, an denen sie ausreichend Baumaterial sammeln können. Bereits die Jungvögel lernen von den Eltern den Nestbau, also wie die Schlammkügelchen verarbeitet werden müssen. Künstliche Nester in halbkugeliger Form werden zwar angenommen, lassen sich aber nur schwer reinigen. Besser ist es daher, die notwendigen Voraussetzungen für den Eigenbau zu schaffen. Fehlen geeignete Nistplätze, kann man einfache aus Holz gebaute Plattformen anbieten.

Eine Mehlschwalbe sammelt Lehmklümpchen an einer Pfütze.

Alle Bretter wurden vorgebohrt, damit das Holz nicht platzt. Im ersten Arbeitsschritt wird der Mittelsteg mit der Rückwand verschraubt.

Im zweiten Arbeitsschritt werden Dach und Boden angeschraubt.

Fast fertig! Die Nisthilfe nun an einer geeigneten Stelle unter einem Dachüberstand fest anbringen.

Die Nisthilfe sollte auf einer Mindesthöhe von 4 m direkt unter dem Dach befestigt werden. Auf einen möglichst großen Dachüberstand ist zu achten. Um die Fassade zu schonen, kann die Nisthilfe auch einige Zentimeter von der Hauswand entfernt angebracht sein oder man platziert etwa 60–70 cm unterhalb der Nester ein leicht zu reinigendes Kotbrett.

Materialliste

Eine Nisthilfe für Schwalben ist mit vier Brettern schnell gebaut. Als Baumaterial benötigt man neben dem geeigneten Werkzeug und Schrauben lediglich:

- 1 Rückwand von 35 x 15 cm
- 1 Dach und 1 Boden von je 35 x 15 cm
- 1 Mittelsteg von 15 x 15 cm

Rauchschwalbe

Kunstflieger beim Insektenfang

Die aufgrund ihrer langen Schwanzfedern sehr wendigen Rauchschwalben *(Hirundo rustica)* sind fast über die gesamte Nordhalbkugel verbreitet. Die Überwinterungsquartiere der europäischen Tiere liegen in Mittel- und Südafrika. Rauchschwalben werden etwa 20 cm lang und besitzen einen metallisch blau-schwarz glänzenden Rücken, während die Unterseite rahmweiß bleibt. Die langen Schwanzspitzen sowie die rostbraune Kehle und Stirn machen sie unverwechselbar. Sie leben bevorzugt in offenen Landschaften, ländlichen Gemeinden und Industriebrachen, in deren Nähe sich Gewässer befinden.

Ihre Nester sind schalenförmig, also oben offen, und werden meist auf Balken, Mauervorsprüngen oder Fenstersimsen aus Schlammklümpchen und Stroh erbaut. Oftmals sind die Nester auch innerhalb von Gebäuden zu finden. Mit Einflugmöglichkeiten in Scheunen oder Schuppen und einer immer feuchten lehmigen Stelle im Garten als Baumaterial kann man Rauchschwalben dabei unterstützen. Das Weibchen legt von Mai bis August etwa fünf Eier und brütet diese allein aus. Nach ungefähr 15 Tagen schlüpfen die Jungen und werden nach weiteren 20 Tagen flügge. Bei Rauchschwalben sind bis zu drei Bruten pro Jahr möglich.

Lautstark wird der Altvogel am Nest zur Fütterung aufgefordert.

Die Nahrung wird überwiegend in der Luft gefangen – morgens zumeist über Gewässern, weil sich dort dann sehr viele Insekten aufhalten. Ihre bevorzugte Nahrung sind große Fliegen, Schmetterlinge, Nachtfalter und andere große Insekten. Bei ungünstigem Wetter erhaschen sie auch Blattläuse und andere kleine Insekten. Wie die Mehlschwalben versammeln sich Ende September auch die Rauchschwalben um in die Winterquartiere südlich der Sahara zu fliegen.

Kleiber

Auch kopfüber am Stamm

Der Kleiber *(Sitta europaea)* besiedelt mit Ausnahme des hohen Nordens viele Teile Europas, Nordwestafrikas und Asiens bis zum Pazifik. Bevorzugte Lebensräume sind Laubwälder mit hohem Rotbuchen- oder Eichenanteil, aber auch Parks und Gärten. Er wird ungefähr 14 cm lang und sein Gewicht beträgt 25 g. Die Färbung des Gefieders ist auf dem Rücken graublau und an der Unterseite beige. Markantes Zeichen ist der lange schwarze Augenstreifen, der den blaugrauen Kopf vom weißlichen Hals abgrenzt. Männchen und Weibchen besitzen etwa die gleiche Färbung, nur sind die Flanken bei den Männchen dunkel rostbeige gefärbt.

Kleiber lieben Bruthöhlen in großer Höhe. Da sie die Höhlen anderer Arten nachnutzen, verkleben sie den Eingang auf ihre Größe passend mit einer Mischung aus Lehm und Speichel, sodass er vor Säugetieren und größeren Vögeln geschützt ist. Der Nestbau beginnt meist im März und die Weibchen legen bis Ende April etwa sieben Eier. Im Juni sind die Jungvögel flügge und fliegen aus. Kleiber sind standorttreu und bleiben ganzjährig in ihrem Revier.

Der Kleiber klettert geschickt an Stämmen und Zweigen umher, um die Rinde nach Insekten und Spinnen abzusuchen. Im Herbst kommen Samen, Haselnüsse, Eicheln und Bucheckern zum Nahrungsspektrum hinzu. Als Nahrung für die Aufzucht der Jungtiere nimmt er auch Raupen. Um Kleiber im eigenen Garten anzusiedeln, sollte ein Nistkasten mit einem Einflugloch mit 3,5 cm Durchmesser möglichst hoch angebracht werden.

Im Gegensatz zu Spechten und Baumläufern kann der Kleiber sogar kopfüber klettern, indem er einen Fuß vorsetzt und sich mit dem anderen in der Rinde festkrallt.

Gartenbaumläufer

Hüpfen aufwärts um den Stamm

Gartenbaumläufer *(Certhia brachydactyla)* kommen von Westeuropa bis zur westlichen Schwarzmeerküste sowie in Teilen Südeuropas, Kleinasiens und Nordafrikas vor. Als Lebensräume bevorzugen sie Laubwälder, Feldgehölze, Streuobstwiesen, Parks und Gärten mit vielen Obstbäumen. Der Gartenbaumläufer wird etwa 12 cm lang und wiegt nur 11 g. Auffällig ist sein ungefähr 1,2 cm langer, spitzer Schnabel, der leicht nach unten gebogen ist. Sein braunweiß gemustertes Rückengefieder ähnelt der Färbung von Baumrinde. Am Bauch bleibt er weiß. Männchen und Weibchen sind gleich gefärbt. Bei der Insektenjagd hüpfen sie am Baumstamm aufwärts und stützen sich dabei auf ihren kräftigen Schwanz.

Aufwärts im Kreis

Im Gegensatz zum Kleiber können Baumläufer nicht am Stamm abwärts laufen. Sie hüpfen stets rund um den Baumstamm aufwärts nach oben, fliegen dann abwärts zum nächsten Baum, um auch dessen Stamm nach Futter abzusuchen.

Männchen und Weibchen bauen zu Beginn der Brutzeit von April bis Juni gemeinsam das Nest hinter abstehender Rinde, in Baumspalten, hinter Holzverschalungen an Gebäuden und manchmal auch in dichten Hecken. Möchte man eine künstliche Nisthilfe anbieten, sollte diese keilförmig sein und ein seitliches Einstiegsloch haben. Das Weibchen legt bis zu sieben Eier und bebrütet diese ungefähr 14 Tage lang bis zum Schlüpfen der Jungen. Nach weiteren zwei Wochen werden die Nestlinge flügge und verlassen das Nest. In günstigen Jahren sind zwei Bruten möglich.

Die Nahrung der Gartenbaumläufer besteht überwiegend aus Spinnen, Käfern, Larven und kleinen Insekten, die von der Baumrinde gesammelt oder unter der Rinde hervorgepickt werden. Im Winter wird die Nahrung durch Samen ergänzt. Da der Gartenbaumläufer sich an Futtersteller selten als Gast einfindet, kann man ihn im Winter auch direkt unterstützen: Man streicht eine Mischung aus Fett, Haferbrei und gehackten Nüssen auf die Baumrinde oder in eine Baumhöhle.

Star

Ein Star, der gerne imitiert

Dieses hübsche Blockhaus aus Birkenästen wurde extra für Stare angefertigt.

Der Star *(Sturnus vulgaris)* ist in Europa und Asien der am weitesten verbreitete Vertreter aus der Familie der Stare. Durch Einbürgerungen auf anderen Kontinenten ist er weltweit einer der häufigsten Vögel. Als Lebensraum bevorzugt er Waldränder, Feldränder mit Baumbestand, Feldgehölze, Weidelandschaften, Parks und Gärten. Der Star wird etwa 22 cm lang und besitzt ein schwarz glänzendes Gefieder mit metallischem Schimmer in Blau-, Grün- und Rottönen. Seine Oberseite ist gelbbraun und die Unterseite weiß gesprenkelt. Im Gegensatz zu anderen Vögeln ist der Schwanz recht kurz. Stare sind gesellig und leben ganzjährig in Schwärmen zusammen. Sie sind in der Lage, die Stimmen anderer Vögel, technische Geräusche, Hundegebell und neuerdings auch Klingeltöne von Mobiltelefonen nachzuahmen, und sie in ihren eigenwilligen Gesang einzubauen.

Zur Brutzeit sind die Paare für sich und verteidigen ihr Territorium. Ab April bis Ende Mai baut das Männchen in einer Baumhöhle, einem Mauerloch oder Nistkasten ein grobes Nest aus Gras, das mit Laub- und Blütenblättern ausgekleidet wird. Anschließend legt das Weibchen bis zu fünf Eier und bebrütet diese bis zu zwölf Tage lang. Zur Aufzucht der Nestlinge wird auf dem Boden lebende tierische Nahrung gesammelt. Die Nestlinge sind nach etwa 20 Tagen flügge und mit fünf Wochen selbstständig. In guten Jahren sind zwei Bruten möglich.

Als Nahrung dienen Regenwürmer, Nacktschnecken, Raupen, Spinnen, geflügelte Ameisen sowie Larven von Schnaken und Schnellkäfern. Im Sommer und Herbst erweitern Obst und Wildfrüchte das Nahrungsspektrum. Um die eigene Ernte vor dem Hunger der Vögel zu schützen, kann man über die Bäume und Sträucher Netze spannen. Ansonsten sind Stare fleißige Helfer und halten den Boden und die Krautschicht von Insekten frei. Ab Mitte Oktober ziehen die Stare zu ihren Winterquartieren in den Süden.

Stare sind Allesfresser und nehmen im Jahreslauf unterschiedliche Nahrung zu sich. Im Frühjahr und Frühsommer werden vor allem Insekten, Regenwürmer und kleine Schnecken erjagt.

Haussperling

Meist laut, aber nützlich

Der Haussperling ist vielerorts selten geworden. Er freut sich über vogelfreundlich gestaltete Gärten.

Der Haussperling *(Passer domesticus)*, auch Spatz genannt, ist der bekannteste und am weitesten verbreitete Singvogel. Als typischer Kulturfolger trifft man ihn – außer in den Tropen – überall dort an, wo sich Menschen ständig aufhalten. Er wird bis zu 16 cm lang, hat eine Spannweite von 23 cm und wiegt etwa 30 g. Die Männchen besitzen graue Wangen und einen grauen Oberkopf, einen braunen Nacken und eine schwarze Kehle. Die Weibchen sind graubraun mit dunkelbrauner Zeichnung.

Hausperlinge fühlen sich in Gemeinschaft von Artgenossen sehr wohl und nisten deshalb in Kolonien. Die direkte Umgebung des Nestes wird dann allerdings auch gegen jeden Artgenossen energisch und lautstark verteidigt. Haussperlinge ziehen pro Jahr 2–3 Bruten auf, wobei jede Brut bis zu sechs Junge umfasst. Sehr gern nisten Haussperlinge in höhlenartigen Verstecken aller Art, wie sie beispielsweise unter Dachziegeln und Löchern im Mauerwerk zu finden sind. Man kann Sperlinge mit Nistkästen, die für mehrere Brutpaare angelegt sind, anlocken, muss dann aber mit dem etwas lauten und wenig dezenten Verhalten der Tiere klarkommen.

Auch wenn er durch seinen dicken, kurzen Schnabel zu den Körnerfressern zählt, ist er im Garten ein nützlicher Helfer gegen Insekten. Während beim Altvogel etwa 35 % der Nahrung aus tierischen Komponenten bestehen, so benötigt er für die Aufzucht der Jungvögel 80 % tierische Nahrung. Bei der Wahl der Nahrung ist der Haussperling nicht wählerisch, sondern erbeutet allerlei Raupen, Fliegen, Käfer, Spinnen, Tausendfüßer, Asseln und Schnecken. Allerdings stehen auch Abfälle des Menschen hoch im Kurs, die in Freiluftgaststätten und Imbissständen anfallen oder von offenen Komposthaufen entnommen werden. In Zeiten, in denen er sich von Sämereien ernährt, kann er auch Schäden bei Aussaaten, Blüten und Früchten anrichten. Dann empfiehlt es sich, seinen Garten mit Netzen gegen einen allzu großen Vogelhunger zu schützen.

Feldsperling

Scheu und zänkisch

Der Feldsperling *(Passer montanus)* ist kleiner und schlanker als der Haussperling. Oberkopf und Nacken sind kastanienbraun, die Halsseiten tragen einen deutlichen schwarzen Fleck und nur die Kehle ist schwarz. Auch durch den weißen Halsring sind sie vom Haussperling zu unterscheiden. Männchen und Weibchen besitzen die gleiche Färbung. Feldsperlinge können bis 14 cm lang werden, wiegen 20–25 g und sind meist scheuer als der Haussperling. Sie kommen fast in ganz Europa und Asien vor und bevorzugen als Lebensraum offene, strukturierte Kulturlandschaften, Randbereiche von Ortschaften, Streuobstwiesen, Obstplantagen sowie Parks und Gärten in Dörfern und Städten. In Mitteleuropa sind sie meist ganzjährig anzutreffen und – was ihre Brutplätze betrifft – standorttreu.

Für den Nestbau bevorzugen beide Partner Baumhöhlen, Nistkästen, Mauernischen, Felslöcher, manchmal Nester von Mehlschwalben oder sogar den Unterbau der Horste von Störchen oder Graureihern. Meist werden pro Jahr zwei Bruten mit jeweils fünf Eiern großgezogen. Die Brutdauer beträgt bis zu 14 Tage. Die Nestlinge werden anfangs mit Blattläusen und später mit größeren Insekten wie Heuschrecken, Käfern und Raupen gefüttert. Nach etwa drei Wochen sind die Jungvögel flügge. Auch die Altvögel fressen Insekten, ihre Hauptnahrung besteht jedoch aus Samen von Brennnesseln, Knöterich, Melde und Beifuß sowie aus Getreidekörnern.

Auch der Feldsperling ist gesellig und lebt teils in großen Schwärmen, verteidigt aber sein Nester oder Nahrungsquellen energisch gegen Artgenossen. Will man diesen schönen Sperling bei sich im Garten haben, empfiehlt sich ebenfalls ein Gemeinschaftsnistkasten sowie eine kleine verwilderte Gartenecke, in der die oben genannten Wildkräuter wachsen können.

Ein neugieriger Feldsperling an einer mit einfachen Mitteln selbst gefertigten Vogeltränke.

Gemeinschaftsnistkasten für Sperlinge

Manchmal werden auch Einzelnistkästen für die Jungenaufzucht bezogen.

Da Sperlinge gesellige Vögel sind, bietet sich ein spezieller Gemeinschaftsnistkasten an. Man brütet gemeinsam, aber die Privatsphäre bleibt gewahrt.

→ *Alle Bretter wurden vorgebohrt, damit das Holz nicht platzt.*

→ *Im ersten Arbeitsschritt werden – wie rechts bereits zu sehen – die Zwischen- und Seitenwände mit der Rückwand verschraubt.*

→ *Im zweiten Arbeitsschritt werden das Dach und der Boden aufgeschraubt.*

→ *Nun noch die Frontplatte aufschrauben. Anschließend an einem geeigneten Ort aufhängen.*

Materialliste

Als Baumaterial benötigt man neben dem geeigneten Werkzeug und Schrauben lediglich:

- 1 Rückwand von 67,5 x 15 cm
- 2 Seiten- und 3 Zwischenwände von je 15 x 15 cm
- 1 Boden und 1 Dach von 67,5 x 18 cm
- 1 Front mit Einfluglöchern von 67,5 x 15 cm. Der Durchmesser der Einfluglöcher sollte 32–35 mm betragen.

Mauersegler

Leben in luftigen Höhen

Mauersegler *(Apus apus)* kommen fast überall in Europa und in großen Teilen von Nordwestafrika, Vorderasien und Asien vor. Ihre Überwinterungsgebiete liegen in Afrika südlich des Äquators. Sie werden etwa 17 cm lang. Ihre Gefiederfarbe ist bis auf einen grauweißen Fleck unter dem Schnabel grauschwarz bis rußschwarz und der relativ kurze Schwanz ist gegabelt. Die Flügel sind im Verhältnis zum Rumpf sehr lang und überkreuzen sich im angelegten Zustand. Dabei können sie den Schwanz bis etwa 4 cm überragen. Kennzeichnend für Mauersegler ist die Sichelform der Flügel, die beim Fliegen unterschiedlichste Manöver und Geschwindigkeiten von bis zu 200 km/h zulassen. Das kommt ihm bei der Insektenjagd in verschiedenen Höhen zugute. Obwohl er im Flugbild den Schwalben ähnelt, ist er nicht mit diesen verwandt.

Mit teils waghalsigen Flugmanövern kreisen die Mauersegler auf der Jagd nach Insekten durch die Lüfte.

Männchen und Weibchen bauen das Nest in Mauerlöchern, unter Dachvorsprüngen oder in speziell angefertigten Nistkästen mit querovalem Einflugloch. Die Kästen müssen in der Tiefe etwas länger sein, da Mauersegler auch in natürlichen Höhlen zwischen Eingang und Nest einen Schutzabstand belassen. Das Baumaterial, das aus Gras, Blättern, Haaren und Federn besteht, wird im Flug aufgesammelt und mit Speichel schalenförmig verklebt. Das Weibchen legt bis zu drei Eier, die bis zu 22 Tage lang von beiden Partnern bebrütet werden. Nach etwa sieben weiteren Wochen werden die Jungen flügge und sind sofort selbstständig. Die Entwicklung der Jungen hängt stark vom Futterangebot ab. Aufgrund des späten Brutzeitraums ab Ende Mai bis August ist nur eine Brut möglich.

Die Nahrung besteht hauptsächlich aus kleinen fliegenden Insekten und Spinnen, die aus der Luft gefangen werden.

Spechte

Mit dem Meißelschnabel auf Insektenjagd

Schwarzspecht

Schwarzspechte *(Dryocopus martius)* sind mit über 50 cm Körperlänge die größten Spechte Europas. Das Gefieder ist komplett schwarz, nur der Scheitel der Männchen ist von der Stirn bis zum Nacken rot, während die Weibchen stattdessen einen roten Fleck am Hinterkopf tragen. Sie leben in Nadel-, Buchen- oder Mischwäldern, wo sie ihre Höhlen in alten, meist astlosen Bäumen anlegen. Weil Schwarzspechte reviertreu sind und ihre alten Bruthöhlen immer wieder nutzen, können diese eine Tiefe von bis zu 1 m erreichen. Man erkennt sie am ovalen Einflugloch. Von April bis Mai legt das Weibchen etwa vier Eier, aus denen nach ungefähr 13 Tagen Brutdauer die Jungen schlüpfen. Nach etwa vier Wochen verlassen die Jungspechte Nest und Höhle, um sich selbst Nahrung und eine geeignete Höhle zu suchen.

Bevorzugte Nahrung sind Ameisen, insbesondere Waldameisen, sowie Käfer und Insektenlarven. Nur bei Nahrungsknappheit verlässt der standorttreue Schwarzspecht sein Revier.

Der Schwarzspecht erschafft zahlreiche Nistmöglichkeiten für andere Tierarten – vor allem größere Baumhöhlen.

Grünspecht

Grünspechte *(Picus viridis)* zählen mit ihrer Körperlänge von bis zu 32 cm zu den größeren Spechtarten Europas. Da sie auf Ameisen spezialisiert sind, die sie direkt aus den Ameisenhaufen holen, werden sie häufig auch als Erdspecht bezeichnet. Das Gefieder ist am Rücken grünlich, Wangen, Kehle und Bauch sind grau. Die Augenpartie ist schwarz, Oberkopf und Nacken sind rot. Die Männchen tragen zusätzlich einen roten Wangenfleck. Grünspechte sind standorttreue Einzelgänger und verteidigen ihr Revier gegen Artgenossen auch kämpferisch.

Bruthöhlen werden zumeist in Bäumen mit Altholz, teils in höheren Ästen, angelegt. Ist die Bruthöhle fertig, legt das Weibchen von April bis Mai etwa sieben Eier und bebrütet diese zwei Wochen lang, bis die Jungen schlüpfen. Als Nahrung erhalten die Jungen bereits Ameisen sowie deren Eier und Larven. Werden tatsächlich sieben Jungvögel großgezogen, so geht die Zahl der verfütterten Ameisen bis zum Verlassen des Nestes in die Millionen.

Außerhalb der Brutzeit fressen Grünspechte auch Raupen, Fliegen, Ohrwürmer, Käfer und Larven anderer Insekten. Diese werden aus dem Totholz gepickt oder von Blättern und Bäumen abgesammelt. Da Grünspechte als Helfer im Garten gern gesehen sind, kann man ihnen in ausreichender Höhe große Nistkästen anbieten. Die Größe des Einflugloches wird von ihnen dann selbsttätig passend erweitert.

Familie der Spechte

Die Familie der Spechte (Picidae) umfasst weltweit über 200 Arten. Der häufigste Specht in Mitteleuropa ist der Buntspecht, dann folgen Schwarzspecht und Grünspecht. Spechte sind sehr gut an das Leben auf Bäumen angepasst. Ihr Schnabel ist gerade, stark und fast genauso lang wie der Kopf. Der Schädel der Spechte ist so angepasst, dass er die Erschütterungen beim Meißeln an den Bäumen dämpfen kann. Ihre Beute holen sie mit ihrer langen, dünnen Zunge, die am Ende kleine Widerhaken besitzt, aus den Löchern. Die Zehen, zwei sind nach vorn gerichtet und zwei nach hinten, sind mit starken Krallen versehen, damit die Vögel beim Klettern an der Baumrinde Halt finden. Auf der Suche nach Insekten stützen sich Spechte mit ihren keilförmigen, steifen Schwanzfedern ab.

Sie leben paarweise oder einzeln in lichten Wäldern, Streuobstwiesen, Baumpflanzungen, Parks und Gärten. Spechte bewegen sich fast ausschließlich kletternd und fliegen nur sehr ungern weitere Strecken. Sie sind Höhlenbrüter und zimmern sich ihre hoch in den Bäumen gelegenen Höhlen selbst. Die Jungen werden blind und nackt geboren und müssen durch ihre Eltern nicht nur gefüttert, sondern auch gewärmt werden.

Der Buntspecht ernährt sich mit Ausnahme des Winters hauptsächlich von Insekten und deren Larven, die er mit kräftigen Schnabelhieben unter der Borke hervorholt.

Schutz von Nistkästen gegen Spechte

Um zu verhindern, dass Eier und Junge anderer Vögel durch einen übereifrigen Specht aus einem Nistkasten gehämmert werden, kann man eine Metallplatte vor das Einflugloch setzen.

Mittelspecht an der Nisthöhle bei der Fütterung

Buntspecht

Buntspechte *(Dendrocopos major)* werden etwa 24 cm lang, haben ein schwarz-weißes Rückengefieder und einen gelblich grauen Bauch mit intensiv rotem Unterbereich. Die Männchen besitzen zusätzlich noch einen roten Nackenfleck. In Mitteleuropa ist er die am häufigsten vorkommende Spechtart.

Zwischen Mai und Anfang Juni beginnen die Buntspechte mehrere Bruthöhlen anzulegen, von denen jedoch nur eine vollendet wird. Er zimmert einen kurzen waagerechten Gang und an dessen Ende dann eine senkrechte Aushöhlung. Das Weibchen legt darin bis zu sieben Eier, aus denen nach etwa zwölf Bruttagen die Jungen schlüpfen. Nach ungefähr vier Wochen füttern und warmhalten werden die Nestlinge flügge. Da die Jungvögel ab der zweiten Woche den Tag über ein großes Geschrei veranstalten, kann man die Bruthöhlen relativ leicht bemerken.

Die Hauptnahrung für den Buntspecht besteht überwiegend aus Raupen, Käferlarven und Käfern, vor allem Bock- und Rüsselkäfer, aber auch aus Blattläusen und Ameisen. Im Obstgarten ist er ein guter Helfer gegen Obstwickler, da er von diesen Nachtfaltern viele Raupen erbeutet. Im Winter ernähren sich Buntspechte auch von Beeren, Samen von Nadelgehölzen und Nüssen. An Futterstellen bevorzugt er Nüsse, Meisenknödel, Sonnenblumenkerne und ungesalzenen Speck.

Mittelspecht

Mittelspechte *(Dendrocopos medius)* ähneln in ihrer Gefiederfärbung den Buntspechten, sind aber mit einer Körperlänge von etwa 20 cm wesentlich kleiner und auch seltener anzutreffen. Männchen und Weibchen sind gleich gefärbt, nur die rote Färbung am Kopf ist beim Weibchen kleiner und matter. Sie bevorzugen Laubwälder mit Eichen, Auwälder, Parks, Obstplantagen und große Gärten. Der Baumbestand sollte verschiedene Höhen aufweisen, auch wenn sie ihre Höhlen in alten Bäumen oder Ästen bauen.

Im April bis Mai legt das Weibchen etwa fünf Eier und brütet ungefähr zwölf Tage lang, bis die Jungen schlüpfen. Nach weiteren drei Wochen sind die Jungen flügge. Die Nestlinge werden von beiden Elterntieren mit Nahrung versorgt. Bevorzugte Nahrung sind Insekten, deren Puppen und Larven, Spinnen sowie Beeren, Obst, Nüsse und Samen.

Mittelspechte sind standorttreu, überwintern meist im Brutgebiet und sind hin und wieder auch an Futterstellen zu finden. Hier picken sie Nüsse und Fettfutter von Meisenknödeln.

Kleinspecht

Kleinspechte *(Dendrocopos minor)* sind überwiegend Standvögel und mit einer Länge von etwa 15 cm die

Kleinspechte legen ihre Nisthöhlen gerne in alten Obstbäumen an. Meist wird jedes Jahr einen neue Höhle gezimmert.

kleinsten Spechte Mitteleuropas. Das Gefieder der Männchen ist am Rücken schwarzweiß gestreift, am Bauch überwiegend weiß und er trägt eine rötliche Kappe, die beim Weibchen jedoch schwarz ist. Durch den kurzen, spitzen Schnabel und die geringe Größe wird er kaum mit anderen Spechten verwechselt. Kleinspechte besiedeln baumreiche offene Landschaften, Feldränder mit Baumbestand, Auwälder, Parks und Gärten mit hochstämmigen Obstbäumen.

Die Männchen zimmern mehrere Höhlen in Weich- oder Totholz, von denen sie später eine als Bruthöhle auswählen. Im Mai oder Juni legt das Weibchen etwa sechs Eier und beide Partner brüten ungefähr zwölf Tage lang, bis die Jungen schlüpfen. Nach ungefähr 20 Tagen werden die Nestlinge flügge. Zur Aufzucht füttern beide Eltern überwiegend Blattläuse oder auch Ameisen. Das Nahrungsspektrum umfasst zusätzlich kleine Raupen, Käfer und deren Larven, Nachtfalter und deren Larven sowie kleine Schnecken. Als Ergänzung werden Beeren und reife Früchte gefressen. Erscheint der Kleinspecht am Futterhäuschen, bevorzugt er Sonnenblumenkerne und das Fett aus Meisenknödeln oder -ringen.

Wendehals

Der Wendehals *(Jynx torquilla)* gehört innerhalb der Spechte zu einer eigenen Unterfamilie und ist der einzige Vertreter seiner Gattung in Europa. Das Verbreitungsgebiet erstreckt sich von Westeuropa bis nach Sibirien, seine Überwinterungsgebiete liegen südlich der Sahara oder in Südasien. Mit seinen knapp 17 cm Körperlänge erinnert er eher an eine Drossel als an einen Specht. Seinen Namen verdankt der Vogel der Tatsache, dass er seinen Kopf ruckartig in verschiedene Richtungen und auch sehr weit verdrehen kann. Die oberseitigen Gefiederpartien sind graubraun gesprenkelt und ähneln damit der Färbung von Baumrinde. Zusätzlich verläuft ein dunkelbrauner Streifen vom Kopf bis auf den Rücken. Der Schwanz ist verhältnismäßig lang und verfügt über dunkelbraune Querstreifen. Brust- und Bauchgefieder sind heller. Bevorzugte Lebensräume sind halb offene Flächen mit Bäumen und Sträuchern sowie lichte Wälder, Streuobstwiesen, Parkanlagen, Gärten und Weinberge.

Da Wendehälse wegen des kurzen, spitzen Schnabels selbst keine Höhlen bauen können, nutzen sie natürliche Baumhöhlen, Spechthöhlen oder auch Nistkästen. Dabei kommt es nicht selten vor, dass die bisherigen Bewohner samt Gelege vertrieben oder ausquartiert werden. Ab Mitte April legen die Weibchen etwa zehn Eier und bebrüten diese ungefähr 14 Tage lang. Nach weiteren 20–22 Tagen verlassen die Jungen Nest und Höhle. Anschließend werden die Jungen noch zwei Wochen lang auch außerhalb des Nestes von den Eltern gefüttert.

Wendehälse sind bei ihrer Ernährung auf Wiesen-, Weg- und Rasenameisen spezialisiert und fressen Larven, Puppen und vollständig entwickelte Ameisen. Befinden sich die Ameisen bei ungünstigem Wetter tiefer im Bau, öffnen sie diesen, um an das Futter zu gelangen. Gelingt das nicht, werden Blattläuse, Spinnen, Schmetterlingsraupen und kleine Käfer gefressen, manchmal sogar weiche Beeren.

Bauanleitung für einen Kombikasten

Die Höhe, in der ein Kasten angebracht wird, sollte grundsätzlich den Gegebenheiten natürlicher Nistgelegenheiten entsprechen.

Nistkästen für Vögel können ganz leicht selbst hergestellt werden. Dazu benötigt man neben dem geeigneten Werkzeug nur ein paar unbehandelte Bretter und etwas Holzleim, Scharniere und ein paar Schrauben. Auf Farben sollte dagegen aus Gründen der Nestsicherheit eher verzichtet werden, denn dadurch würden potenzielle Fressfeinde vermehrt angelockt. Die Form des Nistkastens kann rechteckig, dreieckig oder halbrund sein – sogar ein ausgehöhlter Baumstamm könnte dazu dienen. Natürlich entscheidet neben der Form eines Vogelkastens auch die Größe und Brettstärke darüber, welche Vogelart dieser letztendlich beherbergt. Damit ausreichend Schutz vor Kälte gegeben ist, sollte die Brettstärke mindestens 15 mm betragen.

Halbhöhlenbrüter

Als Halbhöhlen- oder Nischenbrüter bezeichnet man diejenigen Vogelarten, die für ihren Nestbau zur Brutzeit entsprechende Nischen an Böschungen, Felsen, Gebäuden, Geröllhalden, Bäumen und Sträuchern benötigen. Im folgenden Teil werden einige Gartenvögel vorgestellt, die auch mit einer entsprechenden Nisthilfe unterstützt werden können. Die Nisthilfen können kleine Plattformen in Sträuchern und Rankpflanzen oder Halbhöhlenkästen in unterschiedlicher Form und Ausprägung sein.

Für den Grundaufbau des Kombikastens werden die abgebildeten Teile benötigt (siehe Materialliste).

Materialliste

Neben Schrauben und Werkzeug benötigt man folgende Teile für den Grundaufbau:

- 1 verlängerte Rückwand von 40 x 14 cm, damit der Kasten befestigt werden kann
- 1 Dach von 20 x 14 cm
- 2 Seitenteile von 30 (hinten) bzw. 26 (vorn) x 13,5 cm
- 1 Boden von 15 x 14 cm
- 1 Frontbrett von 15 x 14 cm.

Das Material besteht aus unbehandeltem Nadelholz. Alle Teile wurden vorgebohrt, damit das Holz beim Verschrauben nicht platzt.

Zuerst werden die Seitenteile mit der Rückwand verschraubt.

Anschließend wird der Boden befestigt.

Nun kann das Frontbrett angebracht werden.

Zum Abschluss wird das Dach verschraubt.

Und fertig ist der vielfältig einsetzbare Halbhöhlennistkasten. Ein solcher Nistkasten für Halbhöhlenbrüter kann später mit einem passenden Einschub ganz leicht auch für Höhlenbrüter umfunktioniert werden.

Bachstelzen sind typische Halbhöhlenbrüter.

Unterschiedliche Einschubbretter für Höhlenbrüter

Durch die Verwendung von unterschiedlichen Einschubbrettern kann der Kasten problemlos zu einem Nistkasten für Höhlenbrüter umgewandelt werden. Die Entscheidung, welcher Vogel den Nistkasten annimmt, hängt dabei vom Durchmesser und der Form des Einfluglochs ab.

Benötigte Durchmesser für das Einflugloch

- Blaumeisen 26 mm
- Tannenmeisen 28 mm
- Kohlmeisen 32 mm
- Sperlinge und Kleiber 34 mm
- Stare 45–50 mm
- Spechte 60 mm

Verschiedene Einschubbretter mit unterschiedlichen Durchmessern oder Formen des Einfluglochs

Mithilfe von Einschubbrettern mit unterschiedlich großen Einfluglöchern kann man seinen Kombikasten schnell für höhlenbrütende Vogelarten umrüsten.

Der Durchmesser und die Form der Einfluglöcher sollten sich nach den Ansprüchen der im Garten vorkommenden Vogelarten richten.

Bereit zum Einzug! Die neue Brutsaison kann nun beginnen.

Das richtige Anbringen von Nistkästen

Beim Anbringen von Nistkästen müssen neben den natürlichen Nistzeiten insbesondere die Aufhängungshöhe und die Ausrichtung berücksichtigt werden. Werden Nistkästen bereits im Herbst angebracht, können sie zum einen als Schlafplatz dienen und zum anderen schon etwas den Umgebungsgeruch annehmen. Die günstigste Zeit zum Anbringen ist jedoch Anfang März, also rechtzeitig vor Brutbeginn. Die Aufhängungshöhen richten sich nach den Bedürfnissen der künftigen Bewohner und sollten grundsätzlich oberhalb der Kopfhöhe eines Menschen liegen, also 2–4 m oder sogar höher angebracht sein. Bei der Wahl des richtigen Platzes ist die freie Anflugmöglichkeit der Vögel ein wichtiger Aspekt. Das Flugloch sollte auch möglichst nach Osten oder Süden weisen. Nistkästen dürfen jedoch keinesfalls in der prallen Sonne hängen, damit sie im Inneren nicht überhitzen.

Vor Nesträubern geschützt

Ein Schutz gegen Katzen, Marder und Elstern erhöht die Sicherheit für den Brutvogel und das Gelege bzw. die Jungvögel. Dies kann ein Ring aus Drahtstacheln sein, eine Metallplatte bzw. ein Vorsatzbrett vor dem Einflugloch oder das Anbringen des Nistkastens auf einem Winkel und nicht direkt am Stamm. Eine andere einfache Variante zur Feindabwehr besteht darin, in 3 cm Entfernung eine aus 3–4 mm starkem Eisendraht u-förmig gebogene Drahtschleife vor dem Einflugloch anzubringen.

Muss ein Nistkasten oder dessen Schutzvorrichtung direkt am Baum befestigt werden, verwendet man vorrangig Aluminiumnägel oder -schrauben, da diese angeblich den Baum weniger schädigen. Noch besser ist sicherlich die Verwendung von Zaundraht oder Jute- und Kokosstricken.

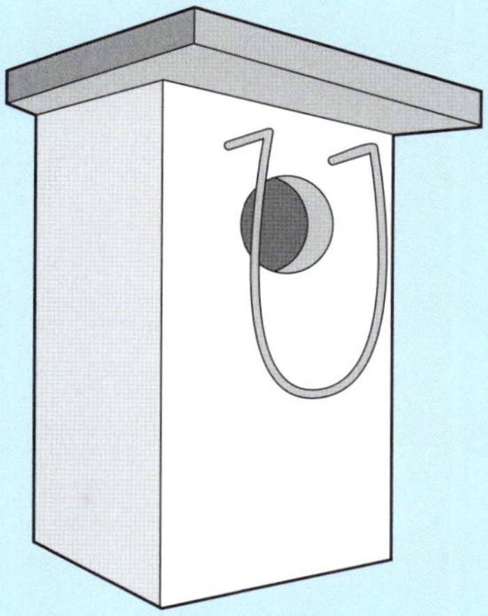

Nistkasten mit Drahtschleife zur Marderabwehr

Nistkästen aus Holzbeton

Im Unterschied zu den klassischen Holznistkästen bieten Modelle aus Holzbeton den Vorteil, dass sie einerseits nicht so schnell verwittern und andererseits besser vor Nesträubern schützen. So sind weder Eichhörnchen in der Lage, diese Modelle aufzunagen, noch können sie von Spechten aufgemeißelt werden.

Außerdem gibt es inzwischen schon Nistkästen mit einem vorgezogenen Einflugloch, wodurch verhindert wird, dass Marder mit ihren Pfoten das Gelege beziehungsweise die Nestlinge herausholen können. Des Weiteren ermöglicht ein vorgezogenes Einflugloch, dass die Altvögel von dort aus füttern können und bei feuchter Witterung nicht mit ihrem nassen Gefieder die Jungen benetzen.

Ein Feldsperling auf einem mardersicheren Nistkasten mit vorgezogenem Einflugloch.

Die richtige Pflege der Nistkästen

Nistkästen reinigen

Das alte Nest bitte unbedingt im Spätherbst oder Winter komplett entfernen. Die Vögel würden sonst Nest über Nest bauen und der Kasten wäre bald unbrauchbar. Außerdem könnten sich Vogelflöhe und Lausfliegen darin vermehren. Den Kasten möglichst nur auskehren, nicht mit Insektenspray behandeln.

Es ist nicht nur wichtig, Nisthilfen zur Verfügung zu stellen, sondern diese auch regelmäßig zu reinigen und zu pflegen. Der günstigste Zeitpunkt zur Reinigung liegt im Spätherbst oder zu Winteranfang bei Temperaturen um null Grad oder leicht darunter. Stellt man beim Reinigen fest, dass der Nistkasten von einem Vogel oder einem Siebenschläfer als ein Rückzugsort für den Winter genutzt wird, sollte die Reinigung auf das zeitige Frühjahr verschoben werden.

Zumeist möchten die Vögel die Nistmöglichkeiten auch im nächsten Jahr weiter nutzen, können aber die Nester nicht selbst aus dem Kasten entfernen. Wenn man das alte Nest nicht entfernt, bauen sie die neuen Nester oben auf das vorjährige. Dies birgt die Gefahr, dass daraus umso leichter Eier oder Jungvögel von Fressfeinden gestohlen werden, da das neue Nest sich nun etwas höher im Kasten befindet. Außerdem könnten Parasiten – zum Beispiel Vogelmilben – im alten Nest den Winter überstehen und dann die Vögel im nächsten Jahr erneut befallen.

Zur Reinigung genügt es, das alte Nest zu entfernen und den Nistkasten auszufegen. Auf keinen Fall sollte man Haushaltschemikalien verwenden. Bevor man das Nest im Laubhaufen entsorgt, kann man häufig auch noch aus der Zusammensetzung des Nistmaterials erkennen, wer der Gast war. Informationen darüber findet man im Internet oder in vielen Vogelbüchern. Stellt man beim Reinigen fest, dass der Nistkasten defekt ist oder das Einflugloch größer gehackt wurde, ist dies zumeist leicht zu reparieren. Das Loch lässt sich durch ein Vorsatzbrett wieder auf die gewünschte Größe bringen. Dies hat zusätzlich sogar noch den Vorteil, dass bei Regenwetter das Wasser vom Gefieder der Altvögel abgestreift und nicht ins Nest getragen wird.

Mauersegler als Ausnahme

Die Nistkästen von Mauerseglern hängt man dagegen einfach nur auf und beschränkt sich anschließend auf das Beobachten. Denn Mauersegler beginnen beim Einzug mit dem Nestbau und bauen ihr Leben lang daran weiter. Eine Reinigung des Kastens kann daher das Ausbleiben der Vögel zur Folge haben.

Den Nistkasten bitte jedes Jahr im Spätherbst gründlich reinigen.

Spezielle Nisthilfen für Freibrüter

Da in unserer heutigen Kulturlandschaft Hecken und Sträucher sowie natürliche Bruthöhlen häufig nicht mehr ausreichend vorhanden sind, sollte man diese Strukturen möglichst im eigenen Garten anbieten. Um die Gartenvögel mit genügend Brutmöglichkeiten zu unterstützen, kann man neben den bekannten Nistkästen noch viele weitere Nisthilfen schaffen. Ebenso lassen sich in Rankpflanzen wie Efeu leicht Brutplattformen zum Nestbau herstellen, indem man – möglichst nicht einsehbar – ein Brettchen auf etwas dickeren Stängeln befestigt.

Nistquirl

Natürliche Nisthilfen stellen beispielsweise Nistquirle dar, die man beim Verschneiden von Hecken und Bäumen erhält. Dazu belässt man zum Beispiel dünnere Äste in einer Länge von 10 cm ringförmig an einem dickeren Ast oder in einer Hecke in Bodennähe. Oder

→ *Für einen Nistquirl werden Zweige trichterartig zusammengenommen.*

→ *Anschließend werden die Zweige mit Bindfaden oder Draht fixiert.*

man bindet zu diesem Zweck die im April bereits belaubten Zweige von Sträuchern etwa 1–2 m über dem Boden mit Bindfaden oder Draht locker zusammen, wodurch im Zentrum ein Trichter entsteht. Das Zusammenbinden muss so erfolgen, dass die Saftzirkulation keinesfalls unterbrochen wird, da sonst das schützende Laub abstirbt. Und in einem „nackten Strauch" will sicherlich kein Vogel brüten.

Nistbusch

Für einen Nistbusch benötigt man etwa 50–70 cm lange Koniferenzweige, die vorzugsweise von Kiefern stammen und als dichter Strauß mithilfe von Draht oder stabilen Bindfaden in 1,5 –1,8 m Höhe an einen Baumstamm gebunden werden. Beim Anbringen ist unbedingt darauf zu achten, dass zwischen dem Nistbusch und dem Stamm eine handtellergroße Mulde entsteht, in der die Vögel ihr Nest errichten können.

Ein aus Nadelreisig bestehender Nistbusch wird zur Befestigung an einen Baumstamm gehalten.

Mit Draht oder Bindfaden wird der Nistbusch am Baumstamm befestigt.

Nisttasche und -ampel

Weitere Nisthilfen können beispielweise Nisttaschen sein, die aus etwa 80 cm langen biegsamen Zweigen von Fichten, Kiefern oder Lebensbäumen geschnitten werden. Dazu bindet man die Zweige etwa 2 m über der Erde, oben und unten mit Jutestricken so am Baum fest, dass sich im unteren Drittel eine Tasche bildet. Oder man verwendet junge, geschmeidige Weiden- oder Haselzweige, die 100–120 cm lang sind. Diese bindet man mit ihren oberen Enden an einen Baumstamm, biegt anschließend die unteren Zweigenden empor und befestigt diese ebenfalls, wobei darauf zu achten ist, dass ein röhrenähnlicher Hohlraum für die spätere Nestaufnahme entsteht. Die Öffnung der Tasche sollte in südöstliche Richtung zeigen. Anschließend flicht man reichlich Kiefernzweige hinein, damit die Vögel während ihrer gesamten Brutphase ausreichend Deckung haben und sich sicher fühlen. Zusätzlich sollte man sie mit einem weitmaschigen Draht vor Fressfeinden wie Mardern, Katzen oder Elstern sichern.

Nistampeln werden aus demselben Material wie die Nisttaschen hergestellt, allerdings werden die Zweige oben wie ein Netz oder eine Tasche zusammengebunden und in einer Astgabel befestigt oder an die Äste von Bäumen oder Sträucher gehängt.

Für eine Nisttasche werden zuerst junge Zweige nach unten gerichtet an einen Baum festgebunden.

Anschließend zieht man die unteren Zweigenden hoch, …

… bindet sie gut fest …

… und flicht einige Koniferenzweige ein.

Zaunkönig

Listiger Winzling in unseren Gärten

Der Zaunkönig ist ein geschickter Nimmersatt, der sich fast ausschließlich von tierischer Kost – darunter viele Schädlinge – ernährt.

Der Zaunkönig *(Troglodytes troglodytes)* ist mit einer Länge von etwa 9–11 cm nach den beiden Goldhähnchen der drittkleinste Vogel in Europa. Sein Körpergewicht liegt zumeist nur zwischen 7,5 und 11 g. Kennzeichnend für ihn sind der steil aufgerichtete kurze Schwanz und der Pinzettenschnabel. Das Gefieder ist rötlich braun. Seine bevorzugten Lebensräume sind unterholzreiche Wälder, Parks, Gärten, Hecken, Feldgehölze und auch Schling- und Kletterpflanzen.

Unmittelbar nach der Ankunft aus dem Winterquartier beginnt das Männchen mit dem Nestbau und baut gleich mehrere kugelförmige Nester in Bäumen, Hecken, an Böschungen und Mauerlöchern. Hat das Weibchen zu Beginn der Brutzeit von April bis Juli sich für eines der Kugelnester entschieden, wird es von ihm mit Moos, Wolle und Federn ausgekleidet. Anschließend legt es bis zu sechs Eier hinein und bebrütet die Eier ungefähr 15 Tage lang, bis die Jungvögel schlüpfen. Nach weiteren 17 Tagen werden die Nestlinge flügge. Ist genügend Futter vorhanden, umwirbt und betreut der Zaunkönig mehrere Weibchen in deren Nestern.

Das typische Kugelnest des Zaunkönigs wird normalerweise aus Moos, trockenen Blättern, Farnwedeln, Stängeln und kleinen Ästen sowie Wurzeln gebaut.

Kleine Hilfestellungen

Möchte man einen solch hungrigen Helfer im Garten haben, dann sind dichte Hecken oder rankende Pflanzen als Deckung und Schlafplatz ideal. Ein gut geschützter Halbhöhlenkasten, in etwa 2 m Höhe angebracht, wird gerne als Nist- und Schlafplatz angenommen. Sollen Zaunkönige aus nördlichen Regionen im heimischen Garten überwintern, so kann man auch altes Gras am Zaun stehen lassen und einen Schirm aus Nadelholzreisig bauen, damit ein schneefreier Unterschlupf vorhanden ist.

Der Zaunkönig hat ein breites Nahrungsspektrum und ernährt sich fast ganzjährig von tierischer Kost. Dazu zählen Blattläuse, Weberknechte, Spinnen, Asseln, Tausendfüßer, kleine Nachtfalter, kleine Libellen, Ohrwürmer, Wanzen, Ameisen, Fliegen, Mücken und andere Insekten sowie deren Larven und Eier. Aber auch Kaulquappen und andere kleine im Wasser lebende Tiere zählen dazu. Ab und zu frisst er Beeren, Trauben und kleine Samen. An der Futterstelle im Winter nimmt er gerne Krumen von Brot oder auch geriebenen Käse. Die Nahrung wird überwiegend am Boden erbeutet und nur manchmal suchen die Männchen auch auf Bäumen. Mit seinen langen Zehen und den kräftigen Krallen kann der Zaunkönig einen Stamm senkrecht hinaufklettern, jedoch nicht kopfüber hinunter.

Grauschnäpper

Wendiger Flieger im Garten

Der bis etwa 15 cm lange Grauschnäpper *(Muscicapa striata)* ist in ganz Europa anzutreffen. Sein weites Verbreitungsgebiet reicht östlich bis zur Mongolei. Der Langstreckenflieger überwintert südlich der Sahara, wobei er den Regenwald ausspart. Bevorzugte Lebensräume sind lichte Wälder, Parks, Alleen, grüne Bereiche in Städten und Dörfern sowie Gärten. Männchen und Weibchen sind gleich gefärbt, das gesamte Obergefieder ist graubraun und das gesamte Untergefieder hell mit unregelmäßigen Strichen.

Anfang Mai bauen die Weibchen mit Beginn der Brutzeit in Nischen oder Halbhöhlen ihr Nest an einem großen Baum oder Bauwerk. Im Anschluss legt das Weibchen bis zu sechs Eier und bebrütet diese etwa 15 Tage lang, bis die Jungen schlüpfen. Danach füttern beide Eltern die Nestlinge, bis sie nach etwa 16 weiteren Tagen das Nest verlassen. Die Grauschnäpper ziehen meist zwei Bruten groß.

Sie fangen ihre Beute durch gekonnte Flugmanöver in der Luft oder erbeuten im Sturzflug gerade gelandete Insekten. Bevorzugte Nahrung sind Schwebfliegen, Dungfliegen, Blattläuse, Libellen, Hummeln, gelegentlich Asseln und ab Mitte Juli werden auch Früchte gefressen. Bevor der Grauschnäpper mit Stacheln bewehrte Insekten frisst, entfernt er den Hinterleib und verhindert dadurch selbst verletzt zu werden.

Ein Großteil der Grauschnäpper brütet heutzutage im Bereich menschlicher Siedlungen.

Rotschwänzchen

Schön gefärbte Insektenjäger

Rotschwänze sind typische Nischenbrüter.

Die Rotschwänze sind eine Vogelgattung, die zu den Schmätzern zählt. In unseren Gärten kommt entweder das Hausrotschwänzchen *(Phoenicurus ochrurus)* oder das Gartenrotschwänzchen *(Phoenicurus phoenicurus)* vor. Ursprünglich waren sie in bergigen Regionen heimisch und nutzten die dort vorkommenden Felshöhlen als ihren Brutplatz. Beide Geschlechter werden ungefähr 14 cm groß. Typische Verhaltensweisen für beide Arten sind das Wippen mit dem Schwanz und das „Ducken" auf dem jeweiligen Sitzplatz.

Hausrotschwänzchen

Der Hausrotschwanz kommt mit Ausnahme der nördlichsten Regionen in fast ganz Europa vor. Als Teilzieher überwintert er in den Mittelmeerregionen und Nordafrika. Das Männchen ist durch seine schwarz-graue Grundfärbung und seinen orangeroten Schwanz gut zu erkennen. Das Weibchen ist meist dunkelgrau bis ins bräun-

Ein wachsames Hausrotschwanz-Männchen zu Besuch im Garten

liche gehend gefärbt und die Färbung des Schwanzes ist nicht ganz so intensiv wie beim Männchen. Für seinen Nestbau sucht sich die Art manchmal ungewöhnliche Standorte aus – wie z. B. Balken von einem Vordach, Markisen, Carports, aber auch Holzstapel und alte Schuppen. Daran sollte man beim Frühjahrsputz oder bei Renovierungsarbeiten unbedingt denken.

Hausrotschwänzchen nehmen als typische Kulturfolger gern Halbhöhlennistkästen an. Nach dem Nestbau legen die Weibchen bei jeder der zwei Bruten bis zu sieben Eier und bebrüten diese bis zu 14 Tage lang. Die Nestlinge werden während der Zeit bis zum flügge werden etwa 17 Tage lang von beiden Eltern mit Futter versorgt. Als Nahrung dienen ihnen Spinnen, Ameisen, Schlupfwespen, Blattwespen, Käfer und deren Larven, Schmetterlinge, Raupen, Würmer, Asseln und Schnecken, aber auch Beeren und Früchte.

Gartenrotschwänzchen

Der Gartenrotschwanz wird etwa 14 cm lang und kommt in fast ganz Europa, bis nach Sibirien, Vorderasien sowie in Teilen Nordafrikas vor. Sie sind Zugvögel und beginnen meist schon im Juli mit dem Zug in die Winterquartiere in Zentralafrika. Als Lebensraum besiedelt er lichte Wälder und Parks, Obstanlagen, Ortsränder und auch gut begrünte Industrieanlagen. Das Männchen ist an Brust und Unterseite ziegelrot gefärbt. Der Kopf ist schwarz mit weißer Stirn und der Nacken und Rücken sind schiefergrau. Das Weibchen ist beigebraun und deutlich unauffälliger als das Männchen. Der Schwanz ist bei beiden Geschlechtern rot gefärbt.

Sein Nest baut er gerne in Baumhöhlen, Felsspalten, Mauerlöcher, hohle Zaunpfähle oder Verschalungen aus Holz. In den letzten Jahren nimmt er immer häufiger Nistkästen an. Auch er bevorzugt die Halbhöhlennistkästen. Die Brutperiode beginnt im Juli, wobei bis zu zwei Bruten pro Jahr möglich sind. Das Weibchen legt etwa fünf Eier und bebrütet diese etwa 14 Tage lang, bis die Jungen schlüpfen. Nach nochmals zwei Wochen werden die Nestlinge flügge.

Gefressen werden überwiegend Insekten und Spinnen, im Herbst kommen zusätzlich Beeren hinzu.

Ein bunt gefiedertes Gartenrotschwanz-Männchen

Hilfreiche Insektenvertilger

Die Nahrung der Rotschwänze besteht vor allem aus wirbellosen Kleintieren, aber auch aus Beeren und Früchten. Das Beutespektrum ist vielfältig, es umfasst mehr als 50 Insektenarten, Webspinnen und Weberknechte sowie verschiedene Arten bodenbewohnender Gliederfüßer und Schnecken. Die Größe der Beutetiere liegt hauptsächlich zwischen 2 und 8 mm. Da der Rotschwanz gelegentlich auch Schmetterlingsraupen und Regenwürmer fängt, die bis zu 7 cm lang sein können, werden diese zum Verzehr bzw. zum Verfüttern an die Nestlinge zerquetscht oder zerstückelt.

Nachtigall

Singt nicht nur nachts

Außer ihrem Gesang ist die Nachtigall recht unscheinbar.

Die Nachtigall *(Luscinia megarhynchos)* ist in ganz Europa, Nordafrika und Asien heimisch. In Australien wurde sie zusätzlich vom Menschen eingeführt. Zu ihren bevorzugten Lebensräumen zählen lichte Au-, Misch- und Laubwälder, Parks, Heckenlandschaften sowie Gärten mit Sträuchern und Unterwuchs. In der Laubschicht am Boden findet sie nicht nur das Nistmaterial, sondern auch ausreichend Futter. Nachtigallen werden etwa 16,5 cm lang. Die Männchen besitzen ein rotbraunes Rückengefieder, die Weibchen sind auf dem Rücken graubraun. Beide Geschlechter verfügen über einen grauen, etwas beigefarbenen Bauch und einen braunroten Schwanz.

Unmittelbar nach der Rückkehr aus den Winterquartieren bauen die Weibchen ihr Nest im Unterwuchs von dichten Gehölzen oder an einem anderen versteckten, aber besonnten Ort. Selbst ein besonnter, mit einigen Blättern verdeckter Platz in einer rankenden Pflanze wird zum Nestbau genutzt. Anschließend legen sie etwa fünf Eier und bebrüten diese ungefähr 14 Tage lang. Während der Brut werden sie vom Partner mit Nahrung versorgt. Sobald die Jungen geschlüpft sind, füttern beide Partner die Nestlinge, die nach ungefähr zwölf Tagen das Nest verlassen. In der Brutzeit von Mai bis Juni hört man den Gesang der männlichen Nachtigall kaum, um das Gelege und die Jungvögel zu schützen.

Bevorzugte Nahrung der Nachtigall sind Regenwürmer, Blattläuse, Ameisen, Fliegen, Käfer, Wespen und andere Insekten sowie Spinnen. Ab dem Spätsommer ernährt sie sich auch von verschiedenen Beeren, damit sie für den Flug zu den Winterquartieren in Zentralafrika kräftig genug ist.

Möchte man diesen beliebten Sänger im eigenen Garten ansiedeln, sollte man an einem sonnigen Standort einige beerentragende Sträucher anpflanzen und den Bewuchs unter den Sträuchern belassen.

Diese brütende Nachtigall hat ihr Nest in einer Rankepflanze angelegt.

Die Jungvögel werden von beiden Eltern gefüttert.

Die nordöstliche Schwesterart der Nachtigall ist der Sprosser (Luscinia luscinia). Beide Arten gleichen sich nicht nur rein äußerlich, sondern auch in ihrer Lebensweise.

Rotkehlchen

Zutraulicher, bunter Gartenbewohner

Rotkehlchen *(Erithacus rubecula)* besiedeln ganz Europa, die Mittelmeerinseln, Kleinasien und Nordafrika und gehören zu den häufigsten Brutvögeln in West-, Mittel- sowie Nordeuropa. Bevorzugte Lebensräume sind Auwälder und andere Waldtypen, Gebüsche, Hecken, Feldgehölze, Friedhöfe, Parks und Gärten. Beide Geschlechter werden bis etwa 14 cm lang und tragen das gleiche Federkleid. Beginnend von der Stirn und den Augenbereichen sind sie bis zum unteren Brustrand orangerot gefärbt, Rücken und Schwanz dagegen braun. Die Jungtiere sind cremefarben gesprenkelt.

Rotkehlchen bauen ihr Nest in dichter Vegetation, Nistkästen oder manchmal auch in Gebäuden. Die Brutzeit dauert von April bis Juli und bei guten Bedingungen sind zwei Bruten möglich. Das Weibchen legt etwa sechs Eier und bebrütet diese ungefähr 14 Tage lang. Nach dem Schlüpfen werden die Nestlinge von beiden Eltern gefüttert und sind nach weiteren 14 Tagen flügge.

Bevorzugte Nahrung stellen am Boden lebende Wirbellose wie Insekten, Schnecken, Regenwürmer und Spinnen dar. Manchmal fressen Rotkehlchen auch kleine Fische und Kaulquappen. Ab Herbst ergänzen Früchte, weiche Samen und Beeren die Nahrung. An den Futterstellen im Winter bevorzugen sie fetthaltiges Futter oder Samenkerne.

Aufmerksamer Beobachter

Von einem Ast aus beobachten sie häufig die Umgebung, stürzen auf ein Insekt hinab und fliegen anschließend wieder nach oben. Rotkehlchen hüpfen auch auf dem Boden umher und fangen dort ihre Beute. Da sie nicht allzu scheu sind, kann man Rotkehlchen oft während oder unmittelbar nach der Gartenarbeit bei der Nahrungssuche zuschauen. In den Abendstunden baden sie gerne ausgiebig im Gartenteich und lassen sich dabei kaum stören.

Rotkehlchen sind nicht sehr scheu. Neugierig beäugen sie uns gern bei der Gartenarbeit.

Amsel

Allesfresser in unseren Gärten

Bei der Fütterung der Nestlinge wechseln sich die Altvögel ab.

Die Amsel *(Turdus merula)* kommt in ganz Europa bis hin zum Ural sowie in Teilen Nordafrikas und Asiens vor. Als Kulturfolger bevorzugt sie lichte Wälder, Parks, Gärten und ist fast überall zu finden. Amseln haben inzwischen eine geringe Fluchtdistanz entwickelt, d. h. selbst bei einer Annäherung fliegen sie kaum auf, sondern hüpfen meist nur etwas zur Seite. Beide Geschlechter sind ungefähr 25 cm lang. Das Männchen ist glänzend schwarz gefärbt, trägt einen gelben Augenring und verfügt über einen leuchtend gelben Schnabel. Dem schwarzen Gefieder verdankt es auch den ebenso gebräuchlichen Namen Schwarzdrossel. Das Weibchen ist braun gefärbt, besitzt einen braunen Schnabel und der Augenring ist blasser. Da die Jungvögel in einem ähnlichen Braunton gefärbt sind, kann man sie leicht mit den Weibchen verwechseln.

Zu Beginn der Brutzeit, die von März bis Juni andauert, bauen Amseln ihre von Lehm oder Schlamm zusammengehaltenen Nester in dichte Hecken. Das Weibchen legt dann bis zu fünf Eier und bebrütet diese etwa 13 Tage lang. Nach weiteren 14 Tagen werden die Jungen flügge. In günstigen Jahren sind bis zu fünf Bruten möglich.

Stibitzt sich ihr Futter

Bevorzugte Nahrung der Amseln sind im Frühling und Herbst Regenwürmer, Spinnen, Insekten und andere Kleintiere. Im Sommer stellen hauptsächlich Raupen, Regenwürmer und Insekten die Grundlage der Nahrung dar. Wenn das Futter rar wird, fangen sie kleine Fische und Kaulquappen aus dem Teich oder stehlen anderen Vögeln die Gelege bzw. das Futter. Im Winter ergänzen Beeren von Berberitze, Geißblatt oder anderen Sträuchern sowie Früchte das Nahrungsspektrum. An der Futterstelle mögen Amseln Haferflocken, Äpfel, Erdnüsse und Rosinen.

Um Amseln im Garten zu halten, sollten Hecken und Sträucher nicht zu stark beschnitten werden und Wasser zum Trinken und Baden bereitstehen. Außerdem müssen ausreichend sonnige Plätze zum Trocknen des Gefieders vorhanden sein.

Das Amselweibchen trägt zur perfekten Tarnung ein braunes Gefieder.

Singdrossel

Vogel mit eigener Schmiede

Die Singdrossel *(Turdus philomelos)* kommt in fast ganz Europa sowie östlich bis zum Baikalsee und südöstlich in einem Streifen durch die nördliche Türkei bis in den Iran vor. Ihre bevorzugten Lebensräume sind Nadelwälder, Parks und reich strukturierte Gärten. Die Männchen erreichen eine Länge von etwa 22 cm, während die Weibchen etwas kleiner bleiben. Die Färbung variiert vom graubraunen Kopf bis zum olivbraunen Schwanz. Die Unterseite ist hell und mit braunen Sprenkeln gefleckt, die zum Bauch hin größer werden.

Zu Beginn der Brutzeit von März bis August baut das Weibchen das Nest in dichtes Buschwerk, Hecken oder Efeu und kleidet es im Inneren glatt mit Lehm und Mist aus. Anschließend legt das Weibchen etwa fünf Eier und bebrütet diese 14 Tage lang. Die Nestlinge werden anschließend von beiden Eltern gefüttert und nach ungefähr 16 Tagen flügge. In günstigen, futterreichen Jahren sind bis zu drei Bruten im Jahr möglich.

Drosselschmiede

Die Singdrossel verspeist mit Vorliebe verschiedene Arten von Gehäuseschnecken. Um an das Fleisch im Inneren zu gelangen, schlägt sie die Schnecken gegen einen harten Gegenstand (Stein oder Wurzel), bis das Gehäuse zerbricht. Eine Drosselschmiede kann man so leicht an den zertrümmerten Schneckenhäusern erkennen. Manchmal stehlen aber auch die etwas größeren Amseln das mühsam erarbeitete Futter.

Hauptnahrung der Singdrossel sind Regenwürmer, Schnecken und Insekten wie Raupen, Maulwurfsgrillen, Käfer und Schnakenlarven. Mit Herbstbeginn frisst sie überwiegend Früchte (Falläpfel) sowie Beeren von Holunder, Eberesche und Efeu.

Möchte man die Singdrossel im eigenen Garten ansiedeln, kann man beispielsweise seine Terrasse mit Efeu abschirmen sowie einen Holunderstrauch oder – bei ausreichend vorhandenem Platz – eine Eberesche pflanzen.

Wacholderdrossel

Brütet gern gesellig

Das natürliche Verbreitungsgebiet der Wacholderdrossel *(Turdus pilaris)* umfasst große Teile des zentralen und nördlichen Europas und reicht östlich bis Sibirien. Bevorzugte Lebensräume sind halb offene Landschaften, Parks, lichte Wälder, Baumgruppen mit angrenzenden Feuchtflächen und Gärten. Landläufig wurde sie auch Krammetvogel, bezogen auf die alte Bezeichnung für Wacholder, genannt. Wacholderdrosseln erreichen eine Länge von etwa 25 cm und sind im Vergleich zu anderen heimischen Drosseln auffallend bunt. Die Geschlechter unterscheiden sich nicht in ihrem Federkleid. Das Rückengefieder ist größtenteils rötlich braun, ober- und unterhalb dagegen grau und der Schwanz schwarzgrau. Das ockergelbe Brustgefieder ist dunkel gefleckt und über den Augen befindet sich meist ein weißer Streifen.

Wacholderdrosseln nisten in kleinen Gruppen und bauen ihre Nester mit Laub, Gras und feuchter Erde auf Bäumen oder in Sträuchern. Anschließend polstern sie das Nest mit Grashalmen aus. Das Weibchen legt in der Brutzeit von April bis August bis zu sechs Eier und bebrütet diese etwa 13 Tage lang. Nach dem Schlüpfen füttern beide Eltern die Nestlinge und nach weiteren 18 Tagen sind die Jungen flügge. In günstigen Jahren sind zwei Bruten keine Seltenheit.

Bevorzugte Nahrungsquellen stellen Regenwürmer, Schnecken, Insekten sowie Früchte, Beeren und Samen dar. Wacholderdrosseln sind Teilzieher und fliegen ab Ende September nach Südspanien oder in den Mittelmeerraum. Finden sich einige Drosseln aus den nördlicheren Regionen am Futterhäuschen ein, bevorzugen sie dort Äpfel, Rosinen und Nüsse.

Heckenbraunelle

Komplizierte Partnerschaften

Heckenbraunellen *(Prunella modularis)* kommen in den gemäßigten Zonen Europas bis zum Rande der Baumgrenzen vor, im Osten bildet der Ural den natürlichen Abschluss der Verbreitung. Bevorzugte Lebensräume sind Waldränder, Parks, Gärten, Gebüsche und Schonungen mit hohem Jungfichtenbestand. Heckenbraunellen sind Teilzieher – nur die Vögel aus Gebieten mit strengen Wintern überwintern in Südspanien oder in Nordwestafrika. Sie werden etwa 15 cm lang und sind damit etwas kleiner als Sperlinge. Heckenbraunellen sind an Brust und Kopf bleigrau gefärbt, das Rückengefieder und die Flügel sind braun mit schwarzen Streifen. Beide Geschlechter unterscheiden sich nicht anhand des Gefieders.

Bei den Heckenbraunellen besetzen auch die Weibchen Reviere. Durch Überlappungen kann es somit vorkommen, dass sich ein Weibchen mit mehreren Männchen paart oder ein Männchen mit mehreren Weibchen. Das Weibchen baut sein Nest in dichten Hecken, Sträuchern oder Nadelbäumen. Zu Beginn der Brutzeit, die von April bis August andauert, legen die Weibchen etwa fünf Eier und bebrüten diese ungefähr 14 Tage lang. Während dieser Zeit betreuen die Männchen alle Partnerinnen, mit denen sie sich gepaart haben. Sind die Nestlinge geschlüpft, werden sie von beiden Eltern und teils auch anderen Braunellen mit tierischer Nahrung versorgt, bis die Jungen nach etwa zwölf Tagen flügge sind.

Hauptnahrung sind Blattläuse, Käfer, Raupen, Fliegen, Wanzen und Spinnen sowie im Winter feine Samen von Brennnesseln, Vogelknöterich und Gräsern. Die Nahrung wird meist vom Boden aufgenommen oder von Pflanzen gepickt.

Bachstelze

Stets wippend in Bewegung

Die Bachstelze *(Motacilla alba)* ist in ganz Europa, in den gemäßigten Zonen Asiens und in den Mittelmeerregionen Nordafrikas zu finden. Bachstelzen werden bis zu 19 cm lang, haben einen grauen Rücken und ein schwarzweißes Gefieder. Kopf und Hals sind im Brutkleid zu großen Teilen schwarz gefärbt und der Bauch gräulich weiß. Der lange Schwanz, mit dem die Bachstelze beinahe ständig wippt, macht fast die Hälfte der gesamten Körperlänge aus. Beide Geschlechter tragen fast das gleiche Federkleid. Der bevorzugte Lebensraum hat sich über die Jahrhunderte hinweg gewandelt. War die Bachstelze früher meist in unmittelbarer Wassernähe zu finden, hat sie sich zwischenzeitlich als Kulturfolger den unterschiedlichsten Bedingungen angepasst. Man findet sie auf Wiesen und Feldern, in Parks, Gärten, Ortschaften und an Straßenrändern.

Sobald sie im März aus dem Süden zurückgekehrt sind, bauen sie während der Brutzeit von April bis August ihre schalenförmigen Nester in Mauerlöcher, Holzstapel, unter Brücken und Dächer und manchmal sogar in alte Nester größerer Vögel. Das Weibchen legt etwa fünf Eier und bebrütet diese je nach Brutverlauf 11–17 Tage lang. Nach dem Schlüpfen werden die Nestlinge von beiden Altvögeln unermüdlich gefüttert und nach ungefähr 14 Tagen flügge. Auch wenn die Jungvögel bereits außerhalb des Nestes unterwegs sind, betteln sie weiter um Futter. Bachstelzen brüten zumeist zweimal im Jahr. Als Nisthilfen nehmen sie gerne Halbhöhlenkästen sowie auch Plattformen in dichter Vegetation an.

Bachstelzen suchen ihr Futter am Boden, auf kurzen Rasen oder anderen offenen Flächen. Als Nahrung werden Fliegen, Mücken, Ameisen und andere Insekten, kleine Schnecken und Regenwürmer sowie feine Sämereien aufgenommen. Manche Insekten fangen sie hüpfend im Flug.

Buchfink

Im prächtigen Federkleid zur Brautschau

Der Buchfink *(Fringilla coelebs)* ist einer der am weitesten verbreiteten Brutvögel in Mitteleuropa und kommt in fast ganz Europa, Nordafrika und Vorderasien bis Mittelsibirien vor. Der Mensch brachte ihn auch nach Südafrika und Neuseeland. Bevorzugte Lebensräume sind – wie der Name bereits sagt – Buchenwälder, aber auch Gärten, Parks, Heckenlandschaften sowie Streuobstwiesen werden gern besiedelt. Buchfinken werden ungefähr 15 cm lang. Das Männchen hat einen blaugrauen Kopf, Brust und Wangen sind rosa bis rostrot und der Rücken ist braun gefärbt. Weibchen sind dagegen beigegrünlich gefärbt. Beide Geschlechter tragen weiße Flügelbinden und Schwanzaußenkanten. Zu Beginn des Frühlings erfolgt ein Wandel vom blassen Winter- zum leuchtenden Frühjahrsfederkleid.

Buchfinken brüten meist von Mai bis August, bei günstigen Bedingungen auch zweimal im Jahr. Das Weibchen errichtet das Nest in einer Astgabel oder einem Strauch und verkleidet es außen zum Beispiel mit Flechten. Danach legt es bis zu fünf Eier und bebrütet diese etwa 14 Tage lang. Sind die Jungen geschlüpft, werden sie von beiden Eltern mit Raupen, Spinnen, Regenwürmern, Fliegen und anderen kleinen Insekten gefüttert und sind nach ungefähr 14 Tagen flügge.

Die Nahrung der Buchfinken besteht hauptsächlich aus herabgefallenen Samen verschiedener Bäume und Sträucher. Da sie ihre Nahrung meist nur pickend vom Boden aufnehmen, suchen sie an Winterfutterstellen ebenfalls eher die am Boden liegenden Körner und Samen.

Bei den Männchen sind Scheitel und Nacken im Sommerhalbjahr auffallend graublau gefärbt.

Bluthänfling

Futterkünstler mit flinkem Schnabel

Der Bluthänfling *(Carduelis cannabina)* wird etwa 14 cm lang und kommt in Europa, Vorderasien sowie in Teilen Zentralasiens und Nordafrikas vor. Als typischer Kulturfolger bevorzugt er Lebensräume wie Brachen, offene Landschaften mit einzelnen Hecken und Sträuchern sowie kurzer Bodenvegetation, Gärten und Weinberge. Bluthänflinge sind in den nördlichen Regionen Teilzieher. Im restlichen Verbreitungsgebiet verbleiben sie ganzjährig im Brutgebiet. Die Männchen besitzen einen rotbraunen Rücken, einen grauen Kopf, Stirn und Brust sind im Prachtkleid karminrot. Die Weibchen haben einen braunen Rücken und eine bräunliche Unterseite mit länglichen Streifen. Die Flügelenden und der gegabelte Schwanz sind bei beiden Geschlechtern schwarz und mit weißen Federn gesäumt.

Während der Brutzeit von April bis August suchen beide Partner einen geeigneten Nistplatz, zumeist baut das Weibchen das Nest sonnengeschützt in dichtem Geäst. Anschließend legt es etwa fünf Eier und bebrütet diese ungefähr 13 Tage lang. Während der Brut und der ersten Tage nach dem Schlüpfen der Nestlinge wird das Weibchen mit Nahrung versorgt. Anschließend füttern beide Eltern die Jungen mit vorverdauten Samen aus dem Kropf. Die Jungvögel sind ungefähr 14 Tage nach dem Schlüpfen flügge.

Geschickter Futterkünstler

Bevorzugte Nahrung sind Samen von Gräsern, Kräutern oder Kulturpflanzen in unterschiedlichen Reifestadien. Dabei zieht der Bluthänfling die Grashalme durch seinen Schnabel und löst mit der Zunge die Samen. Ebenso öffnet er die Schoten von Rauken, um an die Samen zu gelangen. Nur während der Brutzeit werden auch Blattläuse gefressen.

Während der Brutzeit frisst der Stieglitz auch kleine Insekten – vor allem Blattläuse.

Stieglitz

Distelspezialist unter den Finken

Der ungefähr 12 cm lange Stieglitz *(Carduelis carduelis)*, der auch Distelfink genannt wird, kommt von Westeuropa bis nach Mittelsibirien, West- und Zentralasien sowie Nordafrika vor. Seine bevorzugten Lebensräume sind offene Flächen mit Sträuchern, hohen Wildkräutern und auch Disteln, Waldränder, Feldgehölze, Streuobstwiesen, Parks, Gärten und Weinberge. Das Männchen besitzt einen spitzen Schnabel, ein rotes Gesicht, weiße Halsseiten sowie einen schwarzen Kopf und Nacken. Der Rücken ist hellbraun, an den Flügeln sieht man ein leuchtend gelbes Band und die Brust ist bräunlich. Das Weibchen ist ähnlich gefärbt wie das Männchen, hat aber einen leicht gebogenen Schnabel.

Zu Beginn der Brutzeit von April bis August bauen Stieglitze ihre Nester in höher gelegenen Astgabeln. Sie brüten oft in kleinen Gruppen. Die Weibchen legen bis zu sechs Eier und bebrüten diese 13 Tage lang. Die Nestlinge werden von beiden Eltern anfänglich mit Blattläusen und kleinen Insekten gefüttert, die auch von Blumen, Bäumen und Sträuchern im Garten gesammelt werden. Später kommen halb reife Samen hinzu, bis die Jungvögel flügge sind.

Bevorzugte Nahrung der Stieglitze sind die Samen von Karden und Disteln, was zu ihrem Zweitnamen Distelfink führte. Sind nicht in ausreichender Zahl Disteln vorhanden, fressen sie auch die Samen von Kletten sowie anderen Kräutern, Gräsern und Bäumen. An den Futterstellen im Winter mögen sie Meisenknödel oder picken kleinere Samen auf.

Äußerst geschickte Samenfresser

Die spezielle Technik, wie die Samen aus den Distel- oder Kardenköpfen gezogen, gezupft oder geschält werden, lernen die Jungtiere von den Altvögeln. Festsitzende Samen werden durch seitliche Bewegungen mit dem Schnabel erst gelockert und dann herausgezogen.

Zwei Stieglitze an einer Fütterungsanlage für Gartenvögel

Grünfink

Ernährt sich überwiegend vegetarisch

Gesang ähnlich einem Kanarienvogel

Zur Brutzeit setzen sich die Männchen des Grünfinken sehr häufig in die Spitzen von Baumkronen, um ihren Gesang vorzutragen, der phasenweise stark an den eines Kanarienvogels erinnert.

Der etwa 15 cm lange Grünfink *(Carduelis chloris)*, der auch Grünling genannt wird, kommt in ganz Europa, Nordafrika und Vorderasien vor. Außer in den kälteren Gebieten des Nordens sind Grünfinken Standvögel. Ihre bevorzugten Lebensräume sind neben Feldgehölzen, Waldrändern, Wiesen mit Sträuchern und Streuobstwiesen auch Gärten, Parks und städtische Grünanlagen. Das Männchen ist auf dem Rücken graugrün und an der Unterseite gelbgrün gefärbt. Die Flügel haben ein schmales gelbes Band und schwarze Spitzen. Die Weibchen sind am Kopf und auf der Oberseite braun, der Bauch ist graugrünlich, die Färbung erscheint insgesamt matter als beim Männchen.

Grünfinken sind gesellig und brüten oft in kleinen Gruppen mit bis zu sechs Brutpaaren. Sie bauen ihre Nester in dichte Gebüsche oder rankende Pflanzen. Während der Brutzeit von April bis August legen die Weibchen etwa sechs Eier und bebrüten diese ungefähr 14 Tage lang. Bereits kurze Zeit nach dem Schlüpfen werden die Jungvögel mit Blattläusen und kleinen Raupen gefüttert. Danach erhalten sie von beiden Eltern bereits vorverdaute Samen, bis sie nach etwa 14 Tagen flügge sind. Bei guten Bedingungen und ausreichend Futter sind drei Bruten im Jahr möglich.

Die Nahrung der Grünfinken besteht aus Samen, z. B. Klette, Löwenzahn, Hagebutte, sowie aus Früchten und Knospen von Laubbäumen. An den Futterstellen im Winter bevorzugen sie Nüsse, Sonnenblumenkerne, Hanfsamen und Meisenknödel.

Bei den Grünfinken tragen beide Geschlechter ein unterschiedlich gefärbtes Federkleid.

Erlenzeisig

Häufig in Schwärmen unterwegs

Der nur etwa 12 cm lange Erlenzeisig *(Carduelis spinus)* kommt mit Ausnahme von Island und Nordskandinavien in ganz Europa, in Zentralasien und im Vorderen Orient vor. Bevorzugte Lebensräume sind Bergmischwälder, Auwälder mit hohem Erlenbestand, Parks und Gärten. Männchen und Weibchen besitzen einen olivgrünen Rücken, schwarze Streifen und einen gelben Strich an den Flügeln. Die Männchen verfügen über einen schwarzen Kopf, einen schwarzen Fleck an der Kehle und einen gelblichen Bauch. Die Weibchen sind an der Unterseite graugrün und deutlicher gestreift. Erlenzeisige sind gesellig und fliegen oft in Schwärmen von Baum zu Baum.

Zu Beginn der Brutzeit, die von Mai bis August andauert, bauen die Weibchen die Nester in den Zweigenden hoher Nadelbäume. Anschließend legen sie bis zu fünf Eier und bebrüten diese zwölf Tage lang, bis die Jungen schlüpfen. Die Nestlinge benötigen weitere 15 Tage, bis sie flügge sind und werden dabei mit kleinen Raupen, Blattläusen und kleinen Insekten gefüttert. Bevorzugte Nahrung der Erlenzeisige sind jedoch die Baumsamen von Erlen, Birken, Fichten, Kiefern sowie Samen von Ampfer und Disteln. An den Winterfutterstellen bevorzugen Erlenzeisige Nüsse und Fettfutter aus Meisenringen und -knödeln.

Erlenzeisig-Männchen im Prachtkleid

Gimpel

Mit markanter roter Brust

Der Gimpel *(Pyrrhula pyrrhula)* ist in Europa, Vorderasien, Ostasien einschließlich Japan und Sibirien verbreitet. Seine bevorzugten Lebensräume stellen Nadelwälder, lichte Mischwälder, Fichtenschonungen, Wegränder, Parks, Gärten und Streuobstwiesen dar. Der etwa 16 cm lange Vogel wird landläufig wegen seines schwarzen Kopfes und der leuchtend roten Zeichnung der Männchen auch als Dompfaff oder Blutfink bezeichnet. Wangen, Brust und Oberbauch sind beim Männchen rot, der Rücken ist blaugrau. Die Weibchen sind am Rücken bläulich grau sowie an Brust und Bauch hell bis graubräunlich. Kopf, Kehle, Flügel und Schwanz sind bei beiden Partnern schwarz.

Die Männchen suchen den Brutplatz aus und die Weibchen bauen das Nest in eine Hecke oder einen Nadelbaum. Zu Beginn der Brutzeit, die zwischen April und August andauert, legt das Weibchen etwa fünf Eier und bebrütet diese ungefähr 14 Tage lang. Die Nestlinge werden anfangs nur vom Weibchen versorgt, anschließend füttern beide Eltern die Jungen mit Blattläusen, Ameisen und kleinen Schnecken. Nach 16 Tagen sind die Jungen flügge.

Das eigentliche Nahrungsspektrum der Gimpel sind Samen von Brennnesseln, Birken und Brombeeren sowie Knospen von Laub- oder Obstbäumen, aber auch Samen verschiedener Wildkräuter und Blumen werden gerne genommen. Im Winter fressen sie an der Futterstelle Sonnenblumenkerne, Nüsse und Samen.

Grauammer

Unscheinbar und anspruchslos

Mit einer Körperlänge von 13–19 cm ist die Grauammer *(Emberiza calandra)* die größte Ammer in Mitteleuropa. Als Lebensraum bevorzugt sie offene Landschaften wie Brachen, extensiv genutztes Grünland, Feldränder, alte Olivenhaine und Weinberge. Beide Geschlechter besitzen die gleiche Gefiederfarbe, jedoch sind die Männchen größer als die Weibchen. Das oberseitige Gefieder ist graubraun bis mittelbraun und zusätzlich dunkelbraun gestrichelt, die Unterseite dagegen beige bis gräulich mit unregelmäßigen Strichen. An der Kehle befindet sich ein dunkler Kinnstreifen.

Als typische Bodenbrüter errichten die Weibchen ihre lockeren Nester in dichter Bodenvegetation. Sie legen bis zu sieben Eier und bebrüten diese etwa 13 Tage lang. Auch in den nächsten elf Tagen füttert das Weibchen die Nestlinge überwiegend allein, bis die Jungvögel das Nest verlassen. Aufgrund der späten Brut bis Juli kommt es selten zu Zweitbruten. Bevorzugte Nahrung im Sommer sind Spinnen, Käfer, Heuschrecken, Schmetterlinge, Larven und Regenwürmer. Im Winter wechselt die Nahrung auf Samen von Wildkräutern und Gräsern. Die Nahrung suchen sie zumeist am Boden oder an kräftigen Pflanzenstängeln sitzend.

Goldammer

Im Prachtkleid leuchtend gelb

Die Goldammer *(Emberiza citrinella)* wird bis zu 17 cm lang und besiedelt mit Ausnahme Nordskandinaviens ganz Europa. Zum Überwintern zieht ein Teil von ihnen nach Südeuropa, in die Balkanländer und die Türkei. Bevorzugte Lebensräume sind die offenen Landschaften mit Sträuchern, Feldgehölzen, Hecken, Brachen und Gärten an Ortsrändern. Die Männchen tragen während der Brutzeit ein Prachtkleid mit gelbem Kopf, gelber Brust mit braunen Streifen sowie einem dunkelbraun gestreiften Rückengefieder. Die Weibchen sind schwächer gefärbt und besitzen nur sehr wenig Gelbfärbung am Kopf.

Goldammern – hier das Weibchen am Nest – sind typische Bodenbrüter.

Goldammern bauen ihr Nest am Boden in dichter Vegetation, unter Sträuchern oder an Böschungen. Die Weibchen legen etwa fünf Eier und bebrüten sie 14 Tage lang. Nach dem Schlüpfen werden die Nestlinge weitere 14 Tage von ihnen versorgt, bevor sie das Nest verlassen. Die Brutzeit liegt zwischen April und August, dabei sind in günstigen Jahren drei Bruten möglich.

Bei der Aufzucht der Jungen besteht die bevorzugte Nahrung aus Springschwänzen, Spinnen, Käfern, Heuschrecken, Schmetterlingslarven und Hautflüglern. Ansonsten fressen die Goldammern feine Samen und Getreidekörner. Tauchen sie im Winter an Futterstellen auf, dann nehmen sie das Futter zumeist vom Boden auf.

Die richtige Unterstützung beim Überwintern

Alle nützlichen Helfer im Garten benötigen drei ganz grundlegende Dinge zum Leben und Überleben: Wasser zum Trinken und Baden, ausreichend Futter für sich und ihre Nachkommen sowie Versteck- und Deckungsmöglichkeiten. Ist das im eigenen Garten oder auf den angrenzenden Grundstücken gegeben, kann man sicher sein, sie jedes Jahr in ausreichender Zahl anzutreffen. Beispielsweise benötigen Igel neben ausreichenden Fettreserven zum Überwintern auch frostfreie Versteckmöglichkeiten zum Anlegen des Nestes – wie z. B. in in einer Ecke zusammengeharkte Laubhaufen, dichte Sträucher mit entsprechendem Unterwuchs oder bodentiefe Koniferen mit Eingang und Polstermaterial.

Meisen sollte man im Winter niemals nur mit hartem Brot oder Brötchen füttern. Dagegen haben sich die sogenannten Meisenknödel als ein sehr gutes Winterfutter erwiesen.

Winterfütterung

Diejenigen Vögel, die in unseren Gärten im Sommer genügend Futter gefunden haben und im Winter nicht in den Süden ziehen, kann man mit Futterstellen am Standort halten. Dazu bitte die folgenden Dinge beachten:

- *Vogelhäuschen müssen so aufgestellt werden, dass das ausgelegte Futter trocken bleibt.*
- *Futtertrichter bestehen aus einem Metallgeflecht oder einem geschlossenen Behälter, der unten über einen Auslauf verfügt. Bitte immer so aufhängen, dass ein freier Anflug gewährleistet ist.*
- *Netze mit Nüssen, Meisenringe oder andere Behälter mit Fettfutter an verschiedenen Stellen aufgehängt, hält die Nahrungskonkurrenz in Grenzen.*
- *Unter den Futterstellen sollte ebenfalls ausreichend Futter vorhanden sein, damit auch diejenigen Vögel etwas finden, die ihr Futter im Sommer nur am Boden suchen.*
- *Ganz wichtig ist auch die Hygiene am Futterplatz. Wenn Futter durch Kot verunreinigt ist oder am Boden bereits von Nagern angefressen wurde, ist das restliche Futter zu entfernen und zu entsorgen.*
- *Auch im Winter benötigen Vögel ausreichend Wasser zum Trinken und Baden, denn beim Baden wird das Gefieder nicht nur gereinigt, sondern auch eingefettet, was bei kühlem Wetter überlebenswichtig ist. Dabei sollte beachtet werden, dass das Wasser an der Tränke möglichst nicht zufriert. Auf keinen Fall aber Salz oder chemische Mittel zum Eisfreihalten verwenden.*

Dieses Futter sollte beispielsweise im Winter gereicht werden: Getreide- und Maiskörner, Haferflocken ohne Spelzen, Sonnenblumenkerne, Hanf- und Hirsesamen oder fertige Futtermischungen aus Wildsamen bzw. für Kanarienvögel. Um ausreichend Fett anzubieten, kann man Nüsse in Netzen oder als Bestandteile von Fettfuttermassen aufhängen. Ebenso wird auch eine halbe Kokosnuss mit Fruchtfleisch von Meisen leer gepickt. Danach kann sie wieder mit einer selbst hergestellten Fettmasse gefüllt werden. Frische Äpfel werden gerne von Drosseln angenommen, ebenso wie Rosinen oder andere Trockenfrüchte.

Fütterung ist bei Schnee und Frost erlaubt. Das Futter aber stets sauber und trocken halten.

Selbst hergestellte Futterringe und -glocken

Solche Ringe und Glocken lassen sich von jedem Gartenbesitzer leicht selbst herstellen. Für die Futterringe benötigt man je zwei Pappringe mit unterschiedlicher Größe, die in eine Schüssel gelegt werden. Anschließend füllt man eine Mischung aus Körnern, gehackten Nüssen und Trockenfrüchten zu zwei Drittel zwischen die Ringe. Das Ganze wird anschließend mit flüssigem Fett aus zwei Teilen Kokosfett und einem Teil Talg aufgefüllt und dann zum Festwerden zur Seite gestellt. Sobald das Fett zwischen den Ringen ausgehärtet ist, können die Futterringe mit Schnüren oder Draht am Futterhaus oder an Bäumen befestigt werden.

Für die Glocken verwendet man mittelgroße Tontöpfe, in dessen Boden sich ein Wasserabzugsloch befindet. Durch dieses steckt man einen u-förmig gebogenen Aluminiumdraht, der später als Aufhängung für die Glocke dient. Anschließend schneidet man einen Kreis in der Größe des Bodens aus einer Tetrapackschachtel, bohrt ein kleines Loch hindurch, zieht dann den Kreis durch den Aufhängedraht bis zum Boden und biegt dessen untere Enden rechtwinklig um. Anschließend verfährt man mit dem Auffüllen wie bei den Futterringen, nur benötigt der Inhalt der Töpfe längere Zeit bis zur Aushärtung.

Futter- oder Meisenringe bestehen aus Körnern und Fett.

Spitzmäuse

Flinke Insektenfresser im Samtpelz

Die Spitzmäuse (Familie Soricidae) sind keine Mäuse, sondern gehören zur Ordnung der Insektenfresser. Unter ihnen befinden sich die kleinsten Säugetiere der Welt. Ihr samtiges Fell variiert je nach Art auf dem Rücken in den Farben Graubraun bis Schwarz und sie besitzen zumeist einen weißgrauen Bauch. Die Schnauze ist lang, spitz und mit zahlreichen Tasthaaren versehen. Von der Schnauze bis zur Schwanzspitze können sie eine Länge von bis zu 14 cm erreichen. Der Fortpflanzungszeitraum erstreckt sich von April bis Oktober, in dieser Zeit kann ein Weibchen viermal trächtig werden. Die Würfe umfassen bis zu zehn Jungtiere mit einem Gewicht bis 0,6 g, die anfangs auch noch blind sind. Die Augen öffnen sich erst im Alter von neun Tagen und die Säugezeit beträgt etwa drei Wochen. Ein besonderes Verhaltensphänomen stellt bei Ausflügen der „Gänsemarsch" im Mutter-Kind-Verband dar, bei dem sich die nachfolgenden Tiere in die Schwanzwurzel des Vordertiers festbeißen. Vermutlich dient dies der Sicherung der Jungen und der Abschreckung von Fressfeinden aus der Luft.

Ansonsten leben sie vorrangig als Einzelgänger, sind überwiegend dämmerungsaktiv und jagen nach Geruch und Gehör zumeist am Boden. Spitzmäuse verfügen über einen sehr intensiven Stoffwechsel und müssen daher ständig Nahrung zu sich nehmen, damit ihre Körpertemperatur konstant bleibt. Dabei fressen manche Tiere innerhalb eines Tages mehr als ihr eigenes Körpergewicht. Als Nahrung dient ihnen auf ihren Streifzügen fast alles: Regenwürmer, Nackt- und Gehäuseschnecken, Insekten, Weberknechte, Webspinnen und alle anderen Tiere, die in der Laubschicht am Boden oder im Boden leben. Im Herbst kommen noch Beeren und andere Früchte hinzu. So sind sie unermüdliche Helfer in unseren Gemüsebeeten und darum sollte man ihnen auch Zuflucht und Nistgelegenheiten in unmittelbarer Nähe der Beete anbieten. Dazu genügt es bereits, kleine Stein-, Holz- oder Reisighaufen aufzuschichten und – falls eine Hecke an die Beete grenzt – die Gras- oder Krautschicht nicht abzumähen, damit die Spitzmäuse bei Gefahr ein sicheres Versteck haben.

Das Vorkommen der Feldspitzmaus ist zumeist eng an menschliche Siedlungen gebunden, teils kommt sie in Städten häufiger vor als auf dem Land und überwintert gern in Häusern.

Die Waldspitzmaus besiedelt fast alle Lebensräume und ist die häufigste Spitzmaus in Mitteleuropa.

Igel

Standorttreue stachelige Einzelgänger

Von den rund 25 Igelarten weltweit sind zwei in Europa heimisch, der Braunbrustigel *(Erinaceus europaeus)* in West- und Mitteleuropa sowie Skandinavien und das Baltikum, der Nördliche Weißbrustigel *(Erinaceus roumanicus)* vom östlichen Mitteleuropa bis Westsibirien. Die Igel gehören zur Ordnung der Insektenfresser und leben in Laubwäldern, Wiesen, Weiden, Parks, Streuobstwiesen und Gärten. Sie haben einen rundlichen Körper mit einer spitz zulaufenden Schnauze. Igel können bis zu 25 cm lang und 1 kg schwer werden. Kopf und Rücken sind mit bis zu 1,5 cm langen, spitzen Stacheln besetzt, ein ausgewachsener Igel besitzt 6000 bis 8000 Stacheln. Bei Gefahr rollt er sich zu einer Kugel zusammen und richtet die Stacheln auf. Igel sind nachtaktiv und verlassen erst in der Dämmerung ihre Tagesverstecke, um auf Nahrungs- oder Partnersuche zu gehen. Die Paarungszeit liegt im Mai bis Juni und in guten Jahren nochmals im August. Der Nestbau findet an einem ruhigen und versteckten Platz statt. Das herbeigeschaffte Polstermaterial, wie Gras, Moos und trockenes Laub, wird zu einer kugeligen Höhle bearbeitet. Nach fünf Wochen bringen die Weibchen bis zu sieben blinde Junge zur Welt. Nach etwa 16 Tagen öffnen sie die Augen und werden sechs Wochen lang gesäugt. Mit einen Gewicht von ungefähr 300 g sind die jungen Igel dann selbstständig.

Igelnahrung

Die Nahrung besteht aus Insekten, Asseln, Schnecken, Larven, Würmern, Eiern, manchmal Jungvögeln, kleinen Fröschen und jungen Mäusen. Zusätzlich fressen sie noch Obst und Sämereien. Durch seine nächtlichen Streifzügen und den immerwährenden Appetit ist der Igel ein wichtiger Helfer, um Raupen, Engerlinge, Nackt- und Gehäuseschnecken sowie andere Schädlinge im Garten unter Kontrolle zu halten. Die landläufige Meinung, Igel tragen ihre Nahrung auf den Stacheln, stimmt nicht. Findet man Blätter oder Früchte auf einem Tier, kann es sich um Reste vom Nestbau handeln oder um Früchte, die bei seinen Streifzügen an den Stacheln haften bleiben.

Winterschlaf

Von Ende Oktober bis spätestens Mitte November an halten Igel in frostfreien Verstecken ihren Winterschlaf. Um den Winterschlaf zu überleben, sollten die Tiere mindestens 500 g Körpergewicht haben. Ein solches Versteck kann beispielsweise ein in einer Ecke des Gartens belassener Laubhaufen, ein loser Holzstapel oder ein extra dafür vorbereitetes „Igelhaus“ sein. Dazu genügen bereits zwei kleinere Steine und eine Steinplatte als Abdeckung. Unter einen bodennahen Strauch oder eine Konifere gebaut und noch etwas Laub dazu und schon hat ein Igel sein festes Rückzugs- und Überwinterungsdomizil.

Eingerollter junger Braunbrustigel

Zufüttern

Fallen Anfang Oktober Jungtiere oder „schlanke“ Igel auf, kann mit Katzen- oder Welpenfutter zugefüttert werden. Das Futter muss so aufgestellt werden, dass es vor Haustieren und Regen geschützt ist. Dazu kann eine flache Obstkiste an einer Seite ebenerdig und auf der anderen Seite durch Hölzer oder Steine hochgehalten werden, sodass nur ein Igel darunterkriechen kann. Die Unterseite der Kiste sollte wasserdicht gemacht sein. Mit einem Stein beschwert, kann sie weder vom Wind umgestoßen noch von einem Haustier angehoben werden. Auf keinen Fall sollte Milch gereicht werden, weil das zu Durchfall führen kann.

Ein standfester kleiner Zugang zu einem Laubhaufen oder ein mit Stroh gefülltes Igelhaus aus Holz oder Steinen verhelfen dem Igel im Garten zu einem idealen Quartier.

Die Zwergfledermaus ist die wohl meistverbreitete europäische Fledermausart.

Fledermäuse

Nächtliche Insektenjäger der Lüfte

Fledermäuse sind die wahren Herrscher der Nacht. Sie verfügen über ein hochspezialisiertes Echoortungssystem, das heißt, sie können Schallwellen aussenden, die von der Umgebung und den Beutetieren reflektiert und von den Fledermausohren wieder empfangen werden. Dadurch sind sie in der Lage, sowohl Hindernissen auszuweichen als auch ihre Beute zu fangen. Fledermäuse sind nachtaktiv und jagen bei jedem Wetter. Die individuellen Jagdgebiete sind zumeist mehrere Hektar groß und können in einem Radius von bis zu 3 km um ihre Quartiere liegen.

Eine Zwergfledermaus wiegt nur wenige Gramm. Mit zusammengefalteten Flügeln ist sie nur so groß wie eine Streichholzschachtel.

Zwergfledermaus

Von den etwa 40 Fledermausarten, die in Europa vorkommen, gilt die Zwergfledermaus *(Pipistrellus pipistrellus)* in weiten Teilen Europas als eine der häufig auftretenden Arten. Dennoch existiert eine Bedrohung durch den dauerhaften Verlust ihrer Quartiere. Mit einer Größe von bis zu 5 cm und einem Gewicht von etwa 7 g gehört sie zu den kleinsten Vertretern der Säugetiere. Die Flügelspannweite beträgt etwa 25 cm. Das Fell ist auf dem Rücken rot- bis dunkelbraun und am Bauch gelb- bis graubraun. Zu ihren bevorzugten Lebensräumen gehören Gärten, Parkanlagen sowie andere offene Flächen mit Wiesen, lichten Gehölzen oder Äckern.

Die Zwergfledermaus ist ein typischer Spaltenbewohner. So schlafen die Weibchen teils dicht zusammengedrängt mit ihren Jungtieren in großen Gruppen, zum Beispiel in hohlen Bäumen oder auch unter Hausverkleidungen, in Scheunen und Kirchtürmen, während die Männchen eher einzeln schlafen.

Die Zwergfledermaus ernährt sich von kleinen Insekten wie Nachtfaltern, Mücken und Köcherfliegen. Sie ist durchaus standorttreu und überwintert ab Oktober oder November nahe dem Jagdrevier in Höhlen, Kellern, Spalten oder in zur Verfügung gestellten Kästen. Bei ihren Wanderungen zwischen Sommer- und Winterquartier legen die Tiere zumeist geringe Wanderstrecken unter 50 km zurück.

Bauanleitung für einen Fledermauskasten

Manche Arten von Fledermäusen, wie z. B. das Mausohr und die Zwergfledermaus, leben bevorzugt in der Nähe von Gebäuden und Siedlungen. Zu finden sind sie unter dem Dach, in Gebäudespalten und in Rollladenkästen. Hilfreich sind hier leicht herzustellende Fledermauskästen am Haus, die den Tieren zusätzliche Quartiere zum Überleben bieten.

→ *Für den Fledermauskasten werden die unten abgebildeten Teile benötigt (siehe Materialliste).*

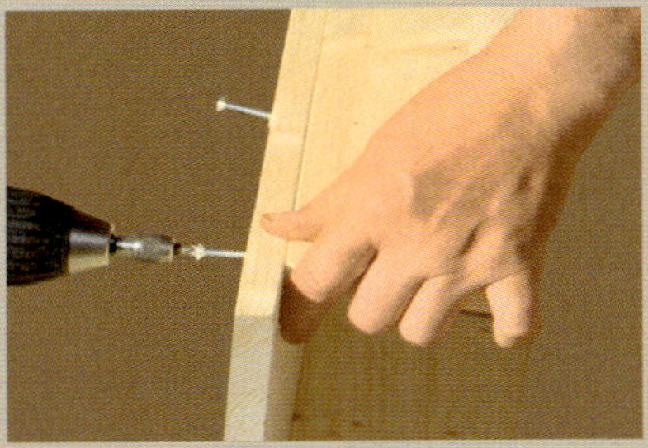

→ *Zuerst werden die Seitenteile mit der Rückwand verschraubt.*

→ *Die Halteleisten und das Einflugsbrettchen wurden vorgeleimt und nun auf die Rückwand genagelt.*

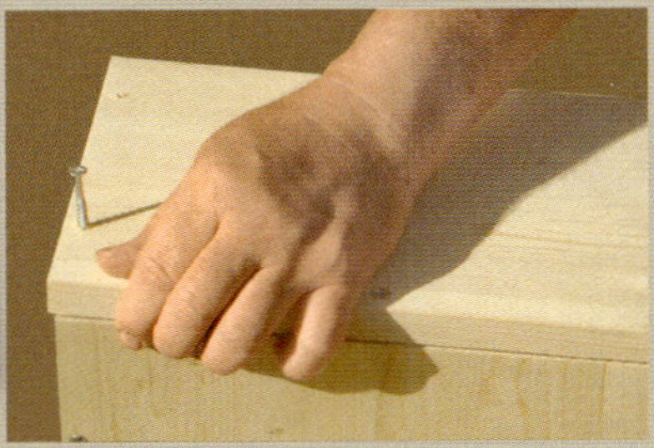

→ *Anschließend wird das Dach angebracht.*

→ *Zum Abschluss wird noch das Frontbrett verschraubt.*

Materialliste

Neben Schrauben, kleinen Nägeln und Werkzeug benötigt man folgende Teile für den Fledermauskasten:

- → 1 Rückwand von 50 x 30 cm
- → 1 Dach von 15 x 30 cm
- → 2 oben schräg abgesägte Seitenteile von 40 x 12 cm (oben) bzw. 10 cm (unten)
- → 1 Frontbrett von ca. 38 x 30 cm
- → 5 Leisten als Halteleisten für die Rückwand
- → 1 Brettchen für den Einflug.

Das Material besteht aus unbehandeltem Nadelholz. Alle größeren Teile wurden vorgebohrt, damit das Holz beim Verschrauben nicht platzt.

Fledermauskästen sollten in einer Höhe von mindestens 3–5 m aufgehängt werden.

Register

Über die Autorin

Ellen Ababou begeisterte sich schon seit frühester Kindheit im Kleingarten der Oma für Tiere und Pflanzen. Ihr bereits während der Schulzeit angeeignetes biologisches Wissen konnte sie während ihres Studiums zur Agraringenieurin und bei der Fortbildung zur Umweltschutzassistentin vertiefen. Seit 20 Jahren arbeitet sie im Thüringer Landesverwaltungsamt Weimar in den Referaten Naturschutz Bereich Landschaftspflege und Landwirtschaft und hat es sich zum Ziel gemacht, insbesondere bei Exkursionen und Schülerfreizeiten den Nachwuchs für Natur und Landschaft zu begeistern.

Danksagung

Es ist mir ein Bedürfnis, mich bei folgenden Personen besonders zu bedanken: bei Axel Gutjahr für die Beratung, bei Ronald Urban für die Unterstützung beim Nistkastenbau, meinem Enkel Yannick für die Unterstützung beim Bau der Ohrwurmglocke sowie Oliver Christian Weber für die Auswahl der Fotos.

Bildnachweis

Fotografien

Ellen Ababou, Artern: S. 21 u., 37 (2), 39 o., 40, 41 (5), 52 l., 53 (4), 94 (3), 102 (4), 111 (6), 113 (3), 126 u. (2), 154 (5)

Hans-Werner Bastian, Brühl: S. 4 u., 15, 27 (2), 28, 30, 43 o. + u., 65 M., 74, 77, 78 (2), 89 (10), 90, 100, 116, 147 l.

Fotolia.com: S. 1 (© mrallen), 2 (© Henrik Larsson), 3 (© YK), 4 M. l. (© wiw), 5 (© Dieter Pregizer), 6 (© babsi_w), 7 (© Michael Hahn), 8 (© Umjb), 9 (© KMBI), 12/13 (© wiw), 14 (© tibanna79), 16 o. (© Alz), M. (© Clemens Schüßler), u. l. (© mrallen), 17 (© Rebel), 18 o. (© Uplandpics), u. (© Sonja Calovini), 20 (© bigemrg), 21 o. (© Colette), 22 o. (© pixelnest), u. (© schankz), 23 (© von Lieres), 24 (© sewkol), 25 o. (© arolina66), u. (© Gucio_55), 26 (© Rebel), 29 l. (© Rebel), r. (© Fyle), 31 (© jenny222), 32 o. (© photoGrapHie), u. (© MCS Photography), 33 (© Christian Musat), 34 (© scarlet61), 35 o. (© claffra), u. (© LianeM), 36 (© Fotoschlick), 37 l. (© herculaneum79), 38 (© gottikam), 39 M. (© Martina Berg), 42 o. (© E. Schittenhelm), u. (© Tobias Storz), 44 (© Makuba), 45 o. (© M.R. Swadzba), u. (© Samuele Gallini), 46 l. (© M.R. Swadzba), r. (© Henrik Larsson), 47 (© Henrik Larsson), 48 (© Eric Isselée), 49 o. (© Henrik Larsson), u. (© Floriana), 50 (© Christian Musat), 51 l. (© v_blinov), r. (© Henrik Larsson), 52 r. (© strubel), 54 o. (© hfox), 55 u. (© motivjaegerin1), 56 u. (© TTstudio), 57 (© Henrik Larsson), 58 o. (© scimmery1), u. (© mkaminsky), 59 (© Vitalii Hulai), 60/61 (© Clemens Schüßler), 62 (© helphot), 63 o. (© Unclesam), u. (© Torsten Lorenz), 64 l. (© Fotolyse), r. (© FM2), 65 o. (© TwilightArtPictures), u. (© Michael Tieck), 66 (© Alexander von Düren), 67 (© Erni), 68 (© kwasny221), 69 u. (© vipersgarden), 70 (© Omika), 73 (© rboehme), 75 (© dennisjacobsen), 76 (© FountainPix), 79 (© Henrik Larsson), 82 o. (© Erni), u. (© Erni), 83 (© Ingo Bartussek), 84 (© raulbaena), 85 (© Erni), 86 (© Erni), 87 (© Johan van Beilen), 91 o. (© hornyteks), l. (© zmijak), u. (© Veniamin Kraskov), 92 (© hfox), 93 (© Erni), 94 u. (© Erni), 95 o. (© Erni), 96 (© OAPhotography), 97 (© Erni), 98 o. (© Elridge), u. (© Johannes D. Mayer), 99 (© Alexandr Ozerov), 101 (© Ornitolog82), 102 l. (© Heiner Witthake), 103 (© gallinago_media), 104 (© Ornitolog82), 105 (© YK), 106 (© S.R.Miller), 107 (© YK), 108 (© Erni), 109 (© Alexander Erdbeer), 110 (© blincov), 114 (© RioPatuca Images), 117 (© Rio-Patuca Images), 121 (© Erni), 122 (© Heinz Waldukat), 123 (© YK), 124 o. (© TwilightArtPictures), u. (© Otto Durst), 125 (© egreiner), 126 o. (© Erni), 127 (© Vitaly Ilyasov), 128 (© Alz), 129 (© S.R.Miller), 130 (© YK), 131 (© hfox), 132 (© Erni), 133 (© Erni), 134 (© tomatito26), 135 (© Joachim Neumann), 136 (© Erni), 137 (© Ornitolog82), 138 (© Martin Pateman), 140 (© schaef), 141 (© tomasztc), 142 (© Martin Pateman), 143 (© Birute Vijeikiene), 144 (© Georgios Alexandris), 145 o. (© Ornitolog82), u. (© Vitaly Ilyasov), 148 (© creativenature.nl), 149 (© abcmedia), 150 (© mrallen), 151 o. (© creative-nature.nl), 152 (© alba1988), 153 (© ognjeno), 155 (© Martina Berg)

Axel Gutjahr, Stadtroda: S. 39 u., 118 (2), 119 (2), 120 (4), 147 r.

MEV Verlag GmbH, Augsburg: S. 4 M. r., 10, 16 u. r., 19, 43 M., 54 u., 55 o., 56 o., 69 o., 71, 72 (2), 80, 81, 95 u., 112

Tierfotoagentur.de, Altenburg: S. 151 u.

Wikipedia: S. 4 o. + 11 (NatJLN), 115 r. (Olaf Mertens), 139 (jans canon), 146 (David Castor)

Illustrationen und Gestaltungselemente

Fotolia.com: Heftpflaster, Zettelabriss (© picsfive), Hintergrund Holzbretter (© Coloures-pic)

Sonja Heller, Menden: S. 115 l.

Huber Medien GmbH, München: Kapitelsignaturen Insektenhotel und Tiersymbole

kup design, Overath: S. 53 u. r.

Malcolm Powell, Bergisch-Gladbach: S. 88